日本のスミレ探訪 72選

山田隆彦［著］
日本植物友の会副会長
内城葉子［植物画］

太郎次郎社エディタス

01

ナガハシスミレ

長嘴菫

Viola rostrata subsp. japonica

ほかのスミレよりはるかに距（下の花弁の後ろにつく筒状の袋）が長く、長いものでは3㎝ほどになる。これを天狗の鼻に見立て、テングスミレともいう。艶《なま》めかしい距を伸ばした姿で薄紫色の花がいっせいに咲くと、それはみごとで華やかだ。花の色やかたち、距の伸び方も株ごとに個性があり、伊達なスミレである。品種に、白花のシラユキナガハシスミレ、小型で葉の裏が紫色を帯びるミヤマナガハシスミレなどがある。

北海道・本州・四国　7～20㎝　3月下旬–5月中旬

02

オオバキスミレ

大葉黄菫

Viola brevistipulata
subsp. brevistipulata var. brevistipulata

雪国の春を彩る代表的なスミレである。日本海側の丘陵や杉林、山地に群生し、黄《き》菫《すみれ》の名のとおり、黄色い花をつける。45年ほどまえ、このスミレを見たくて新婚旅行で新潟の坂町を訪ねた。妻は期待に反してスミレにあまり興味を示さなかったが、私には思い出深いスミレである。変種に、北海道のアポイ岳に生育するエゾキスミレ（蝦夷黄菫）、鳥取の大山やその付近の山に生えるダイセンキスミレ（大山黄菫）がある。

北海道・本州　10〜30㎝　4月中旬-7月上旬

03

アオイスミレ

葵菫

Viola hondoensis

徳川家の葵の紋のもとであるフタバアオイに葉が似ていることから名づけられた。全体がビロード状の毛で被われ、さわると、なんともいえない心地よさがある。多くのスミレのように果実が弾けず、種子は株の根もとにこぼれ落ちる。花期が早く、開花は3月上旬から。私が最初に種類を判別できたのが、アオイスミレとタチツボスミレだった。数多くスミレに会ううち、姿を見ただけで区別できるようになっていった。

北海道・本州・四国・九州　3〜8㎝　3月上旬−4月下旬

04

フジスミレ

✣

藤菫

Viola tokubuchiana
var. tokubuchiana

ヒナスミレ

✣

雛菫

Viola tokubuchiana
var. takedana

フジスミレは栃木の日光を中心に生育するスミレで、葉が五角形、伸びた根の先に株をつくって群落をなす。ヒナスミレは北海道の石狩地方から九州まで広く分布し、フジスミレの変種とされるが、ずっとポピュラー。私が初めて見たのは高尾山だった。葉がやや細長い三角形をしている。ともにピンク色の楚々とした花をつける。

フジスミレ 本州 3～8cm 4月上旬-4月下旬

ヒナスミレ 北海道・本州・四国・九州 3～8cm 4月上旬-5月上旬

05

マルバスミレ

丸葉菫

Viola keiskei

花は白く、ややピンク色に染まるものもある。葉の形はすっきりとし、鑑賞価値のあるスミレである。林縁の斜面など、ふわっとした土壌に群生しているのがよく見られる。全体に毛があり、かつてはケマルバスミレと呼ばれていた。夏になると、アオイスミレとの区別についてよく質問を受ける。丸葉と名のつくこのスミレより、アオイスミレのほうが、夏には葉が丸くなるからだ。

北海道・本州・四国・九州　5～10㎝　3月下旬–5月上旬

06

ヒメスミレ

✣

姫菫

Viola inconspicua
subsp. nagasakiensis

スミレの花を表現するのに、上弁がウサギの耳のように立つ、という言い方がある。ヒメスミレはその典型的なものだ。名に姫とあるように、小さなスミレである。盆栽の鉢のなか、石段のすきま、墓地など、人がかかわっているところに生える。花は青みがかった濃紫色で中心部は白く抜け、花弁に白い縁どりが見えるものもある。皇居東御苑の池のそばに群落があり、4月中旬の花盛りには、それはみごとに咲く。

本州・四国・九州　3〜10cm　3月中旬–5月中旬

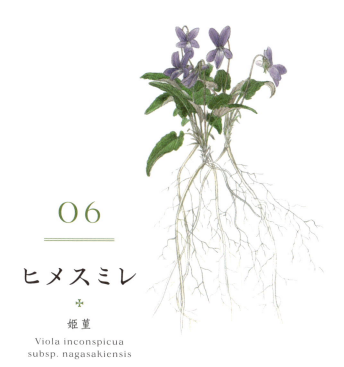

07

イブキスミレ

伊吹菫

Viola mirabilis var. subglabra

和名は初めて発見された伊吹山(滋賀県)にちなむ。学名にあるmirabilisは「不思議な、驚異の」という意味。subglabra は「やや無毛の」の意で、「やや無毛の不思議なスミレ」ということになる。スミレには、地上茎から花柄を伸ばすものと、茎をもたず花柄だけ伸ばすものとがあるが、イブキスミレは、花時には茎がなく、花が終わると茎が伸びてくる。時期によって両方の性質が出るので、不思議なスミレと学名がついた。

北海道・本州　5～12cm　3月中旬-5月上旬

08

サクラスミレ

桜菫

Viola hirtipes

高原のスミレといえば、このサクラスミレとシロスミレが代表的である。径2.5㎝ほどの大きな花をもち、スミレの女王と評される。美人顔で怪しげな雰囲気を醸しだし、ときに孤独すら感じさせる。北海道では低山に、本州・九州では高原に多く生える。阿蘇の草原に点々と生えるサクラスミレに出会ったときは、青空を背に大きな花をつけた堂々とした姿に感動した。

北海道・本州・四国・九州　8～15㎝　5月上旬-6月中旬

09

エイザンスミレ

叡山菫

Viola eizanensis

ヒゴスミレ

肥後菫

Viola chaerophylloides var. sieboldiana

よく似た2種のスミレ。どちらも葉が深く細かく切れこんでいる。花は白色が大半だが、濃いピンクのものもある。ほのかな香りを漂わせ、鑑賞価値の高いスミレだ。エイザンスミレの名前は、比叡山で発見されたことから。やや暗い林縁の湿ったところを好んで生える。ヒゴスミレの名は肥後国で発見されたことから。こちらは明るい草原に生育することが多い。

エイザンスミレ 本州・四国・九州　5〜15㎝
3月下旬–5月中旬

ヒゴスミレ 本州・四国・九州　5〜15㎝
4月上旬–5月中旬　＊イラストは園芸品

日本海側に咲くスミレで、淡紫色から濃紫色の花を咲かせる。サイシン（細辛）の名は、漢方薬となるウスバサイシンと葉の形が似ていることから。地下茎が太く、これをとろろにして食べる地方があると書物にあり、試してみたが、うまくおろせなかった。葉のおひたしは、さっぱりして美味。ところで、アメリカスミレサイシンという北アメリカ原産のスミレが急激に増えている。以前、みどりの式典で美智子上皇后から、吹上御苑に増えているスミレのことを尋ねられ、このスミレだとお返事すると、「まあ、帰化植物なのですか」と驚かれていた。

スミレサイシン 北海道・本州 5～15㎝
4月上旬–5月中旬

アメリカスミレサイシン 北アメリカ原産
（北海道・本州・四国・九州）
5～15㎝ 4月上旬–5月下旬

10

スミレサイシン

菫細辛
Viola vaginata

アメリカスミレサイシン

アメリカ菫細辛
Viola sororia

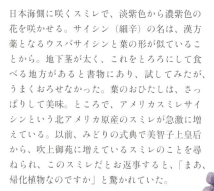

11

ナガバノスミレサイシン

長葉の菫細辛

Viola bissetii

関東では、多摩丘陵や高尾山、奥多摩などの山地に行けば、どこにでも見られるスミレである。ほかのスミレにくらべて葉が長いので、すぐにわかる。一方、関西ではたいへんめずらしいスミレである。このスミレは、花の最盛期を少しでも過ぎると、容姿が崩れる。花弁の先が伸びぎみとなり、バランスが悪い。唇弁以外の紫条が目立って、どぎつくなる。時期をのがさず見るのがよい。

本州・四国・九州　5〜12㎝　3月下旬–5月上旬

12

コスミレ

小菫

Viola japonica

日本固有の種ではないが、Viola japonica「日本のスミレ」という学名がついている。3月初めくらいから丘陵の山道脇などで咲きだす。花は淡紫色で、ひと株にたくさんの花がつく。側弁に毛がなく、開きかげんの花から雌しべの花柱の先がまる見えになっている。コスミレは北海道道南地方から屋久島までに生育し、朝鮮半島南部・台湾・中国にも分布する。

北海道・本州・四国・九州　5～12㎝　3月上旬−5月上旬

13

ゲンジスミレ

源氏菫

Viola variegata
var. nipponica

葉の裏の紫色から紫式部を、さらに源氏物語を連想して名づけられた。花は少々艶めかしい。咲いてから時がたつと、花が地面近くに倒れかけ、おいでおいでと誘っているような姿になる。花はピンク色で、薄い紫条が五枚の花弁に入っている。関東地方～中部地方、岡山県、愛媛県に隔離分布していて、すぐに見いだせるものではなく、スミレ好きには気になるスミレのひとつだ。

本州・四国　5～12㎝　4月上旬-5月中旬

14

アケボノスミレ

曙菫

Viola rossii

淡紅色の花の色を曙《あけぼの》にたとえて名づけられた。山道を歩きながら、花の色ですぐにそれとわかる。葉は少なく心形で、基部は深い心形になっている。咲きはじめは葉がまだ展開しておらず、花だけが目立つ。私にとって、このスミレのすばらしさをいちばん感じられるのは、山梨県の三つ峠、母の白滝コースで出会える小群落だ。ゆるやかな登山道を進んでいくと、杉林の縁にピンクの花がポツン、ポツンと浮きでるように現れる。 北海道・本州・四国・九州 10～15㎝ 4月上旬–5月中旬

はじめに

スミレに魅せられてよかった、と心底思う。大の男がどうして、とよく聞かれるが、「スミレにはロマンがある」なんてキザなことを言っている。

スミレとつきあうようになったきっかけは、学生時代に入っていた生物同好会の女性の先輩に、二またをかけていたワンゲル部の屋久島春合宿にいく話をしたら、スミレを採ってこいと言われたことだった。当時十九歳。それからスミレの世界に興味をもち、その魅力にとりつかれて、今年で五十五年になる。ついつい深入りしてしまった。

スミレをとおして、ずいぶんと世界が広がった。仕事では、スミレを趣味とする変わったやつがいると注目されて人間関係が広がった。趣味でも、理科系の私には古典など世界が違うと思っていたら、スミレが詠まれた万葉集の世界へとつながり、また、スミレを歌ったクラシック音楽の世界にも誘われた。さらに、ほかの草や木、シダなどの植物の世界へも好奇心が呼びおこされ、思いもよらぬ方向に、つぎからつぎへと世界がふくらんでいった。

若いときから、私は「日本植物友の会」に入っていた。しかし、会社員時代は、海外出張、国内出張、ゴルフ、会食、最終電車やタクシーで帰る残業の日々と忙しく、スミレと接する時間がとりづらい期間が長く続いた。その間、細々と資料を集めたり、それをまとめたりしながら、スミレやほかの植物の勉強を進めた。とくに海外出張の行き帰りの飛行機は、仕事の予習や報告書の作成がすめば、あとは自由時間、植物の勉強をするのによい空間であった。植物観察会などに本格的に参加しだしたのは、定年近く、役職定年になってからである。

夢中で取り組んできた仕事のあいまを縫って、気晴らしの息抜きのようにスミレと接してきた。私の好きなことばは、「継続は力なり」。いつも時間に追われながらではあったが、こつこつと全国津々浦々にスミレを訪ね、日本に生育する約二百二十種のうち、百六十七種のスミレと出会うことができた。この本は、その出会いの記録であり、学問的にではなく、親しみやすくスミレを紹介するものである。

CONTENTS

II　スミレを追う——寝ても覚めても……78

［凡例］

＊日本に自生する基本的なスミレは、正式に学界で認知されていない分類群もふくめて亜種や変種などの種内変異も数えれば、六十種が認められると、著者は考えている（交雑種と品種をのぞく）。この本ではそのすべてをふくめた。巻末の索引を参照されたい。

＊スミレ画のそばに記した情報はつぎのとおりである。…分布　…草丈　…花期

スミレの各部の名称

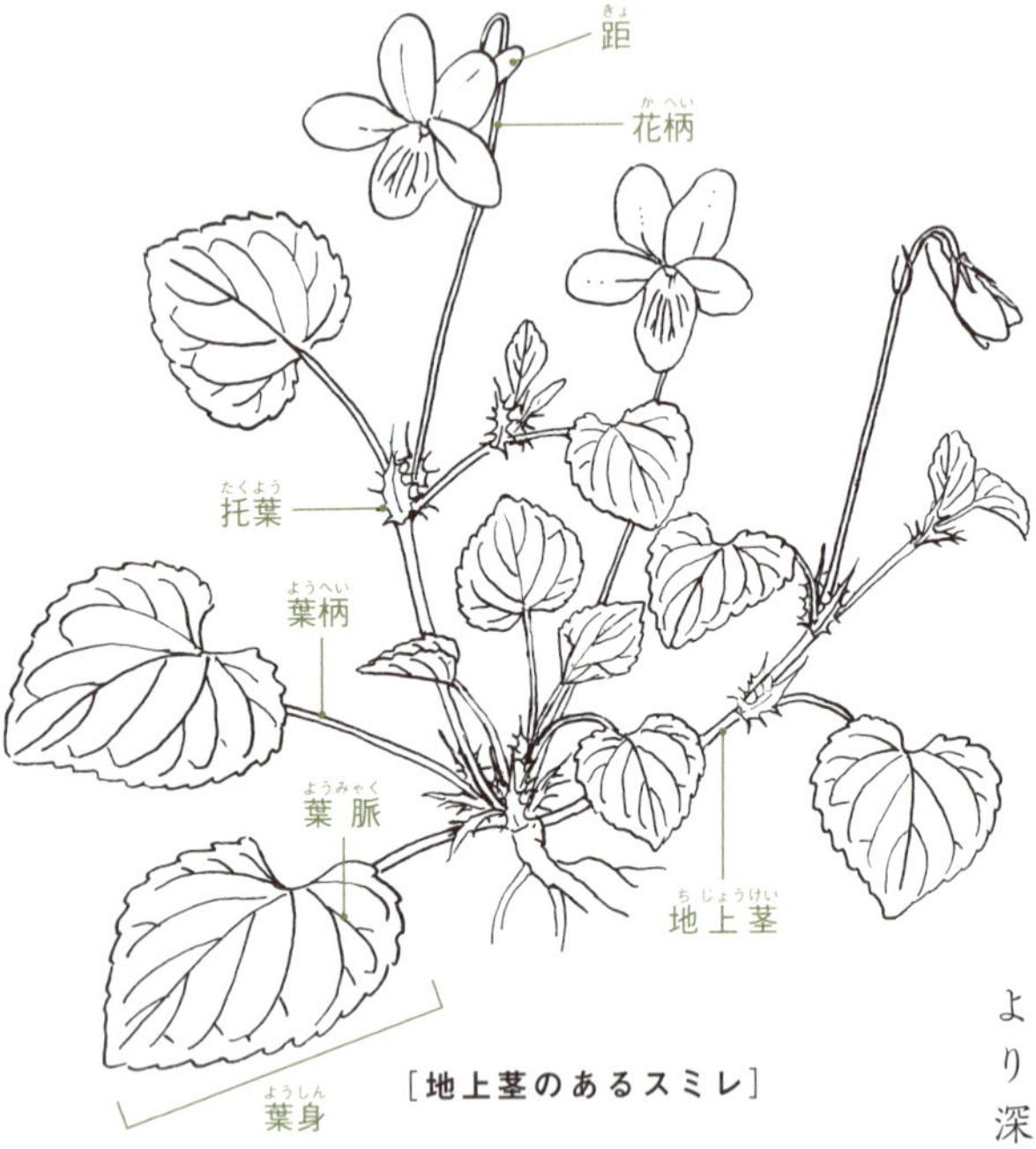

［地上茎のあるスミレ］

スミレを知る

より深く味わうための基礎知識

多くの人は、春、あの花が咲いているのを見れば、スミレの仲間だとわかるのではないだろうか。スミレは、日本では身近な植物である。

✠スミレの種類

日本には、草のスミレしかないが、世界で見ると、木のスミレのほうが多い。もともとスミレは南米のアンデス山麓が発祥の地で、木だった。それが寒い地方に勢力をのばしていくにあたり、寒さ対策のひとつとして、冬に地上部を枯らす草になったといわれている。世界では、スミレ科

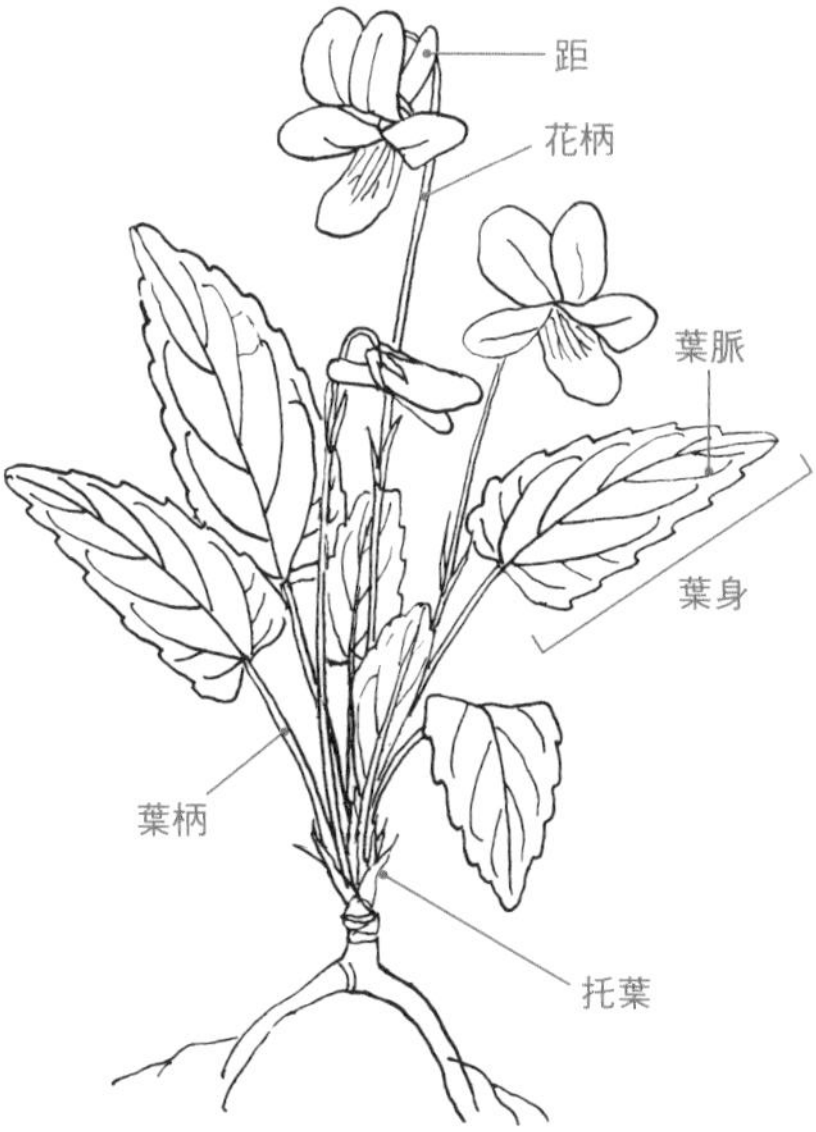

[地上茎のないスミレ]

は約二十二～二十三属九百種ほどがあるが、そのうち草をふくむ属は三属だけで、残りは木だけの属である。

　日本に分布するスミレは、大きく分類すると六十種。それに海外から入ってきた帰化種が五種ある。また、花の色などで細かく分けると二百種以上となる。

✣スミレの特徴

　スミレの特徴は、まず、花の唇弁(下の花弁)の後ろに、距《きょ》という天狗の鼻のように筒状に伸びた目立つ部分があることである。タチツボスミレ類やミヤマスミレ類などの類ごとに、雌《め》しべの先の花柱《かちゅう》上部のかたちが違うのも、特徴のひとつだ。

　また、スミレはアリ散布の植

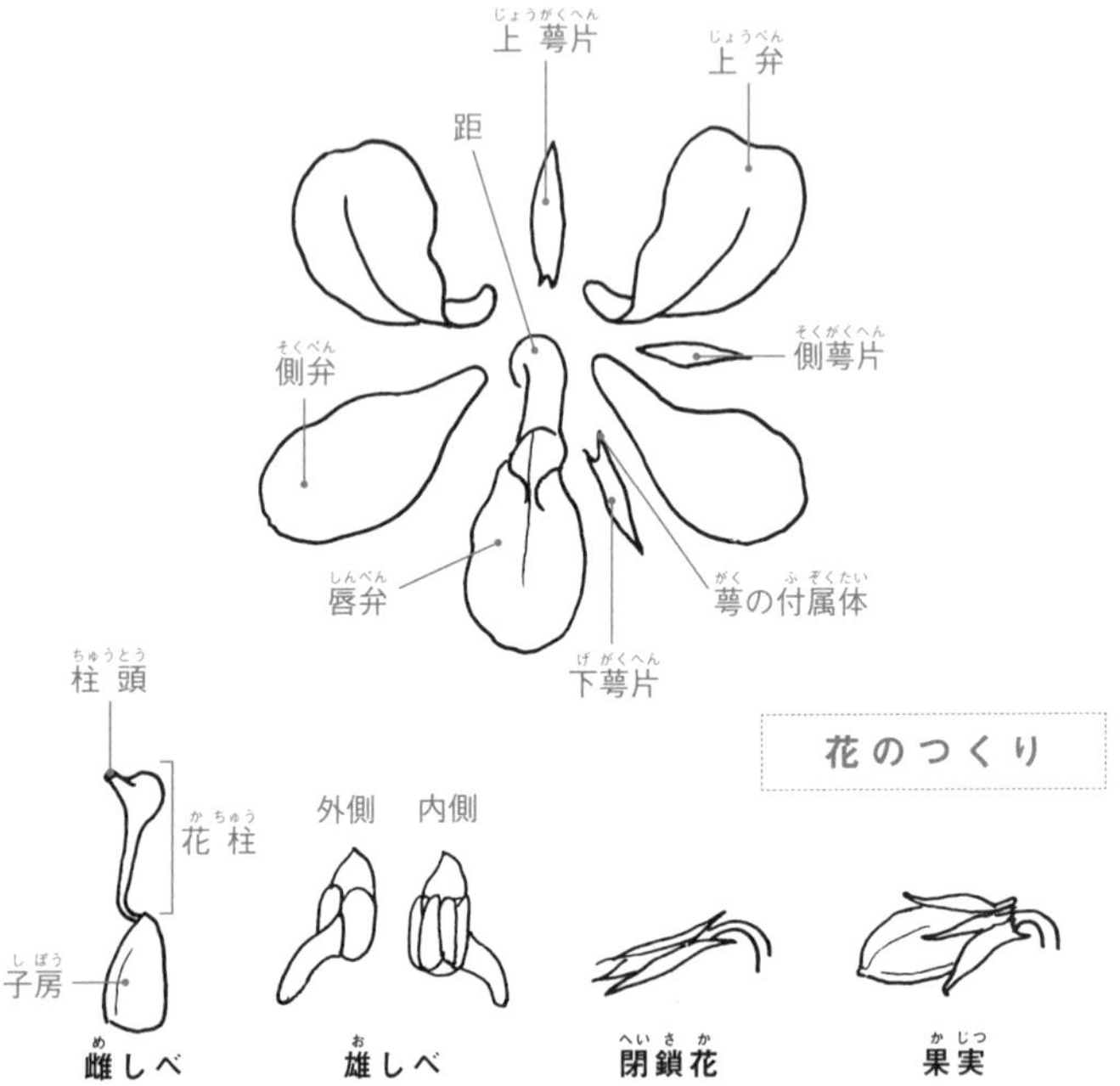

物である。スミレの種子の先には、脂肪酸などをふくむ付属体、エライオソームがついている。これをアリが好んで食べるため、種子が遠くに運ばれる。

　さらに、子孫のふやし方にも特徴がある。スミレは、カラスのくちばしのようなかたちの閉鎖花というものを初夏につけ、そのなかで自分の花粉によって親株と同じ遺伝子の種子を大量につくる。一方、春に咲く花は、マルハナバチやビロードツリアブなどにより、ほかの花の花粉が運ばれて、違う遺伝子が入った種子をつくる。スミレは、自分と同じ遺伝子のクローンの株と、ほかの遺伝子の入った株を両方つくって、環境の変化にあっても滅びないように対応しているのだ。

葉身のかたち

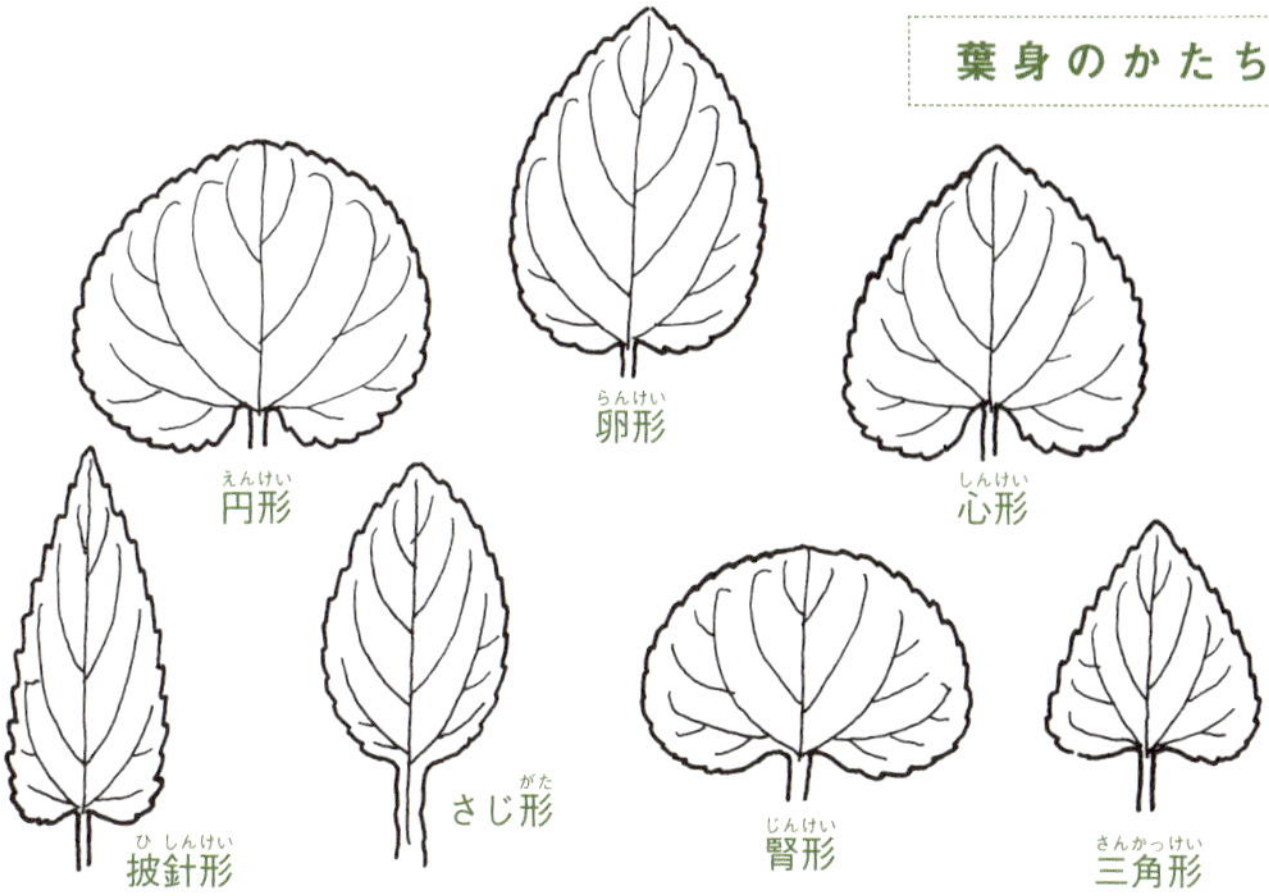

葉身の基部《きぶ》

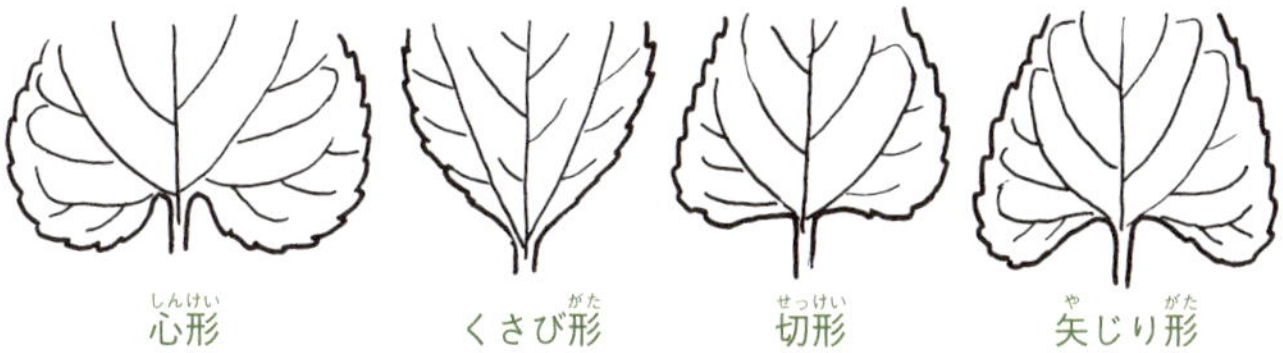

スミレ用語解説

✣**花**　スミレの花は、萼《がく》、花弁、雄しべ、雌しべで構成される。

✣**萼**　花のいちばん外側にあるもの。そのひとつを萼片という。

✣**萼の付属体**　スミレの萼は、種類によってかたちが違う。萼片の基部が伸びた部分をいう。付属体のないスミレもある。

✣**花弁**　花びらのこと。スミレには五枚の花弁があり、上の二枚を上弁、横にある左右の二枚を側弁、下の一枚を唇弁《しんべん》という。

✣**柱頭**《ちゅうとう》　雌しべの先端にある、

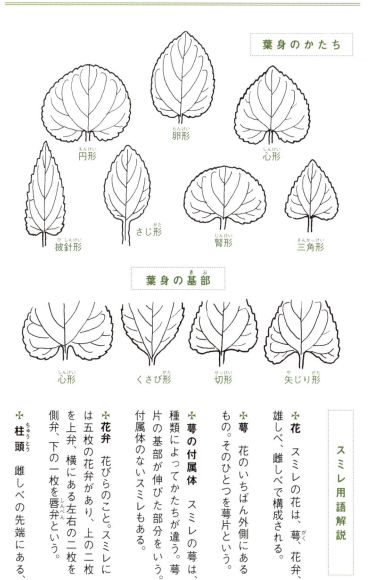

花粉が付着する部分。この部分をふくむ花柱の上部は、グループによってかたちが違う。たとえば、ミヤマスミレ類のマルバスミレはカマキリの頭に似ており、タチツボスミレの仲間は棒状をしている。花柱上部の形状でグループ分けができる。

✣**距**　唇弁の後ろについている筒状の袋。ここには蜜が溜まっている。とくにナガハシスミレは距が長く、この点が区別点となる。

✣**花柄**《かへい》　花の部分を支える柄。

✣**葉柄**《ようへい》　葉を支える柄。

✣**翼**《よく》　葉柄が広がっている部分をいう。スミレやアリアケスミレなどの葉柄にある。

✣**托葉**《たくよう》　葉の付け根にある小さな葉のようなかたちのもの。縁が切れこんだものもあり、この形状でグループ分けができる。たとえば、櫛《くし》の歯状に裂けるものはタチツボスミレの仲間、など。

✣**鋸歯**《きょし》　葉の縁のギザギザの部分。葉の縁が切れこまないことを全縁《ぜんえん》という。

✣**夏葉**　スミレは、春の花期の葉と夏の葉の姿が違ってくる種が大半である。夏葉は春の葉より大きくなる。

✣**地上茎**　地上に出る茎。地上茎があるかないかで、スミレは大きく分けられる。地上茎のあるものは、タチツボスミレ、ニョイスミレなど。ないものは、マルバスミレ、スミレ、エイザンスミレなど。

✣**地下茎**　地下を這う茎。アオイスミレは地上を這う茎を持つが、エゾアオイスミレは地下を這う茎を持つ。

✣**匍匐枝**《ほふくし》**（匐枝**《ふくし》**）**　茎の基部から出て地上を這う茎のこと。

✣**閉鎖花**　開放花が咲きおわってしばらくすると、カラスのくちばしのようなものが出てくる。これを閉鎖花という。花弁はなく、内部では雄《お》しべが雌しべにくっついていて、自分の花粉を受粉して種子をつくる。自分の花粉なので、親と同一の遺伝子を持つクローンができることになる。

✣**学名**　ノジスミレやタチツボスミレなどの和名は、日本だけで通用する名前である。

学名は、世界共通の名前で、種の名前は属名と種形容語のふたつからなる。属名はグループ名、種形容語はその種の特徴や人名、地名などを表すことばがつく。これは近代分類学の父といわれるカール・フォン・リンネが考案したもので、「二語名法」と呼ばれ、命名規約（国際藻類・菌類・植物命名規約）に従っている。

種より下位のものについては、その違いが大きなものから、亜種subsp.・変種var.・品種f.またはform.と表記する。

たとえば、ノジスミレは、学名がViola yedoensisで、「江戸のスミレ」という意味である。ノジスミレの変種にリュウキュウコスミレがあり、学名をViola yedoensis var. pseudojaponica（「偽のノジスミレ」の意）という。この白花品をリュウキュウシロバナコスミレと呼び、学名はViola yedoensis var. pseudojaponica f. sonoharaeとなる。意味は「園原氏のリュウキュウコスミレ」である。花の色の違いだけなので、いちばん細かく分けられた段階の品種とされる。

これを図示すると、下のようになる。

学名をつけた人の名前を後ろにつけることもあり、ノジスミレの場合は、Viola yedoensis Makinoと表記する。

科　**スミレ科**　Violaceae

→**属**　**スミレ属**　Viola

→**種**　**ノジスミレ**　Viola yedoensis

→**亜種**　（ノジスミレには亜種がない）

→**変種**　**リュウキュウコスミレ**
Viola yedoensis var. pseudojaponica

→**品種**　**リュウキュウシロバナコスミレ**
Viola yedoensis var. pseudojaponica f. sonoharae

磯菫✣イソスミレ

大立坪菫✣オオタチツボスミレ

黄菫✣キスミレ

菫✣スミレ

姫菫細辛✣ヒメスミレサイシン

四国菫✣シコクスミレ

雲間菫✣クモマスミレ

立菫✣タチスミレ

東海菫✣トウカイスミレ

大葉立坪菫✣オオバタチツボスミレ

白菫✣シロスミレ

I

スミレに入る――魅入られて

細葉白菫 ✣ ホソバシロスミレ

麓菫 ✣ フモトスミレ

深山菫 ✣ ミヤマスミレ

学生時代、「屋久島に
キスミレがありました」と
生物同好会の先輩に報告したところ、
「屋久島にはありません」と一蹴された。
これを機に、スミレのことが気になりだし、
私のスミレ旅がはじまった。――キスミレ

四月から五月上旬にかけて、何十という
淡紫色から濃紫色の花をいっせいにつけ、
大群落が砂浜を埋めるさまは、じつに豪華。
もっとも美しいスミレだと思う。――イソスミレ

「山路来て何やらゆかしすみれ草」(芭蕉)。
この「すみれ草」はどの種をさすのか。
山路で何やらゆかしいとは、淡い色より
濃い紫の色を見てではないだろうか。――スミレ

15

イソスミレ

磯菫

Viola grayi

北海道・本州

5〜10㎝

4月中旬–5月中旬

15

イソスミレ

砂浜を染める最愛の花

好きな花は何かと人に聞かれれば、私は迷わずスミレを挙げる。そのなかでもとくにイソスミレが好きである。四月下旬から五月上旬にかけて、何十という淡紫色から濃紫色の花をいっせいにつけ、大群落が砂浜を埋めるさまは、じつに豪華。もっとも美しいスミレだと思う。おもに日本海側の海岸の砂浜に生活の場をもち、海辺の厳しい自然に耐えるために、葉も厚く、木質化した長いじょうぶな根を砂浜にしっかりと下ろしている。試しに大きな株の根元をそっと掘ってみると、約八〇cmの深さまでいってもまだ根の先端に達しない。花時には枯れた前年の茎や葉が砂の上に広がって残っている。きっと枯れ葉を防寒具とし、砂嵐のなかで厳しい寒さと戦って、じっと春の訪れを待っているのだろう。

私のイソスミレ探索は、まだ阪神間に住んでいた一九七〇（昭和四十五）年のゴールデンウィークに、石川県の内灘《うちなだ》砂丘を訪ねたのがはじまりである。残念ながらこのときは、工事のため有刺鉄線が張られ、なかなか砂浜に出ることができなかった。やっと見つけた切れ目からたどり着いた砂浜には、ハマヒルガオばかりでイソスミレは見いだせなかった。

一九七三年の五月一日に結婚した。新婚旅行はハワイを計画していたが、一週間も休暇がとれるのはこれが最初で最後だと思い、妻を説得して、パンダ騒ぎの上野動物園から裏磐梯《うらばんだい》へ、さらに米坂線を使って新潟の坂町と瀬波温泉を訪ねるコースとした。

坂町はスイッチバックで有名な米坂線の終点で、新潟県村上市(旧・荒川町)にある。もちろん新婚旅行のパンフレットなどには出てこない。駅前の食堂で早々に昼食をすませ、スミレ探しを開始した。自分の足でゆっくり探したかったが、新妻への遠慮もあってタクシーを使った。そこではオオタチツボスミレとオオバキスミレの群落を見つけただけであった。その坂町に心を残し、待望のイソスミレの待つ瀬波温泉へと出発したのは夕方近くであった。瀬波温泉ではホテルに荷物を置くまも惜しく、カメラ片手に海辺へ飛びだした。頭のなかはイソスミレのことでいっぱい。妻が遅れて来るのもふり返らず走ったことが、いまだに印象が悪いらしい。スミレ狂いもほどほどにしようと思うのだが、シーズンともなればいかんともしがたく、反省は毎年の行事みたいなものである。

妻には恨まれたが、そうして走ったかいがあり、対岸に佐渡をのぞむ美しい砂浜には、紫のイソスミレが一面に咲きほこっていた。このときの感激が忘れられず、いまでもゴールデンウィークには彼の地を訪ねている。しかし、イソスミレはすっかり減ってしまった。坂町の近くの砂浜には、一メートル四方にもなるイソスミレの大株が残っていたが、海水浴場や公園、駐車場になり、絶滅の危機に陥っている。このすばらしいスミレを孫にも見せることができればよいのだが。

16

オオタチツボスミレ

大立坪菫

Viola kusanoana

北海道・本州・四国・(九州)

15〜25㎝

4月下旬–6月下旬

本物に会ってこそ

スミレにとりつかれた二十四歳のころ、オオタチツボスミレとタチツボスミレの区別にずいぶん悩んだ。当時、私にとってバイブルのようなものであった橋本保著『日本のスミレ』や各種植物図鑑を読んでも、どうもわからない。岐阜県の白川郷を訪ねたとき、六甲山（神戸）などで見るタチツボスミレと少しようすが違う個体があり、これがオオタチツボスミレかなと思ったりしたが、自信をもって断言できなかった。

一九七三（昭和四十八）年五月の新婚旅行でのこと。新潟は旧・荒川町の林道べりに淡紫色で咲いているスミレを見て、これがオオタチツボスミレだ、タチツボスミレとこんなに違うのだと、はっきりとわかった。図鑑をくり返し読んでもわからないことが、現場で本物を見ると一目瞭然だった。あわせてこのときには、日本海側のスミレと太平洋側のスミレに違いがあることがわかり、感じ入った。一挙に疑問が溶け、急にスミレの知識がジャンプアップしたようだった。いままで本を読んで、ノートにまとめていたことが、はっきり理解できた。とにかく本物を見ること、現場主義が大切だと実感し、スミレだけでなく、その後の仕事に取り組む姿勢ともなった。本物を見るのが、その植物を知るいちばんの早道である。

オオタチツボスミレは、日本海側を中心に丘陵や山地の林縁、林床、草地に生える。タチツボスミレより大きく、高さ一五〜二五㎝。タチツボスミレとの違いは、葉が円形でやわらかく、葉脈が目立ち、極端に言えば、しわがよっているような感じがすること。色もやや明るい草色である。もちろん、地上茎があり、タチツボスミレ類の特徴である托葉も櫛《くし》の歯状に切れこんでいる。花は淡紫色で、距は太くてずんぐりしていて、ほんのわずか緑色を帯びた白色である。タチツボスミレにも距が白色のものがあるので、距の色だけでは見分けられない。花の中心部は、白く抜けていて、その境目は少し濃い紫の帯がある。これもタチツボスミレとの違いになる。図鑑には、北海道から九州まで分布しているとある。益村聖の『絵合わせ　九州の花図鑑』に、九州では「福岡県の深山にある」と書かれているが、当地の植物仲間からはその存在を聞いたことがない。四国では、香川県と徳島県の県境の大滝山にあると、写真とともにネットに出ている。

新婚旅行で標本用に採集した株を、甲子園の実家に植えていたが、場所を移動しながらずいぶんと増え、四十五年がたった最近、その一部を鉢植えにして、現在の住まいである神奈川のマンションに持ち帰ってきた。環境があえば、スミレは強いようである。しかし、これは特殊な例で、まずスミレの栽培は難しく、鉢植えをしたものはよくもって二、三年である。一時期、スミレの栽培がはやり、小さな鉢植えのものがデパートの屋上などで多く売られていたが、最近はほとんど見なくなった。スミレは生育している場所を訪ねて見るのがいちばんよいと思う。

新婚旅行のスミレの旅で、ひとつ驚いたことがあった。ちょうど職場が変わり、新規事業を見つける部署に二年の期限つきで異動し、四苦八苦しながら悩んでいたころだった。また結婚前のごたごたなどもあり、十二指腸潰瘍になってしまった。結婚式のときも痛さのあまり胃を押さえていたほどで、その痛みは大阪を出発しても続いていた。新潟の坂町で、タクシーに新妻を乗せ、私は林道を駆け足で走りながら、スミレの写真を撮った。車にもどり、目的のイソスミレの咲く瀬波温泉に向かったとき、妻から胃はどうなのと聞かれ、驚いた。胃の痛みがいっさいない。その夜の食事のときも、まったく痛まない。それからというもの、胃が痛みだしたら、スミレの旅に出るようにしている。

17

キスミレ

黄菫

Viola orientalis

本州・四国・九州

5〜15㎝

3月下旬–5月下旬

きっかけの黄色いスミレ

キスミレ――。私をスミレの虜にするきっかけとなったスミレである。

学生時代、二回生の春休みにワンダーフォーゲル部の屋久島合宿に参加した。そのとき、かけもちしていた生物同好会の先輩女性から、「スミレを採ってきて」と言われていたのだが、下山するまですっかり忘れていた。あわてて麓の草原で探し、それらしき黄色い花の植物を採集して押し葉にしたが、その標本を紛失してしまった。黄色い花だったので、「キスミレがありました」と先輩に報告したら、「屋久島にはキスミレはありません」と一蹴された。それからずっと気になっていて、京都の本屋で『日本のスミレ』（橋本保著）という本を見つけて手に入れた。四畳半の部屋代が四千五百円だった当時、この本は千円もした。読んで調べると、残念ながら、屋久島にはキスミレは分布していなかった。これを機に、私のスミレの旅がはじまった。

キスミレの本物に出会えたのは、一九七四（昭和四十九）年の三月二十日のことである。静岡・牧之原台地の一角に、斜面一面、咲いていた。うれしくて、いつまでも眺めていた。その後、ここはカタクリの保護地になり、整備されたとたん、キスミレは消え去った。同じ静岡の高草山にもキスミレを訪ねた。頂上付近に群生していると聞いたからだ。しかし、訪れ

17

キスミレ

ると、ススキに負けたのか見当たらず、茶畑にポツンポツンとあるだけだった。

圧巻は、九重・阿蘇山系。四月の初めころから五月の初めは、草原がキスミレで埋めつくされ、遠くから見ても花の色で山の斜面がうっすらと黄色に彩られる。写真を撮るにも、そこらじゅうがキスミレで、踏みつけてしまう。たくさんあると、かえって撮るのが難しい。よりよいものをと、被写体選びに時間がかかってしまう。富士山系にもある。九重・阿蘇にくらべると、ずっと個体数は少ないが、朝霧高原、三つ峠山、黒岳などに生えている。ロシアのウラジオストックにもあるというので、二度訪ねた。阿蘇などで見るものより、花が大きいような感じがしたが、たしかにキスミレだった。

キスミレはロシア沿海州南部のほか、朝鮮半島、山東半島にも生育している。日本がまだ大陸と陸続きであったころに日本に入ってきた植物で、大陸系の植物である。これらの植物を満鮮要素の植物ともいう。日本ではほかに、鹿児島県霧島神宮、愛知県、愛媛県のごく一部にも分布する。高さは五〜一五㎝、径一・五㎝の花を一〜三花をつける。

高草山のキスミレは年々減少している。以前は頂上付近の二〇メートル四方にびっしりと生えていたが、最近は数株しか見いだせないという。原因は、ススキが生いしげり、極端に日当たりが悪くなったからだろう。残念なことだが、遷移の一端でもあるので致し方ないのかもしれない。

一九八二年の高草山登山の途上、農作業の手を休めて室生犀星の詩集を読んでいた地元の方と偶然、話す機会を得た。キスミレの保護を教育委員会へ陳情しているが、なかなか腰を上げてくれないとのこと。それで、しかたなく地元の有志で保護しようと、除草剤の散布を控えたり、キスミレの環境にあうように、下草を刈ったりして気を配っているという。みなさんの努力が実り、高草山のキスミレがいつまでも美しく咲きつづけてくれればうれしい。二〇一四年に焼津市の副市長さんから、「高草山のキスミレを保護したいので、アドバイスをしてほしい」と、ミニヤコンカの花の旅でいっしょだった西尾さん経由で依頼メールがあった。電話のやりとりがあったが、その後具体的な話がなく、残念ながら前には進んでいない。

私をスミレの道に導いてくれた先輩は、池田さんという。お会いしたいと探しているが、いまだに消息がわからない。

18

スミレ

菫

Viola mandshurica

北海道・本州・四国・九州

6～20㎝

3月中旬–6月上旬

ありふれた名であるがゆえに

スミレの名は、すべてのスミレを総称する場合と種としてのスミレをいう場合とがあるので、ややこしい。種としてのスミレは、濃い紫色の花をつけ、日本を代表するスミレのように思えるが、種形容語がmandshurica（満州産の）となっていて、日本特産ではない。「山路来て何やらゆかしすみれ草」という芭蕉の句がある。この「すみれ草」はどの種を指すのか。私は、つい最近まで、どこにでもあり、淡紫色の花をもつタチツボスミレだと考えていた。しかしこのごろ、濃い紫色の花をつけるスミレかもしれないと思うようになってきた。山路で、何やらゆかし（心惹かれる）となったのは、淡い色というより濃い紫の目立つ色を見てではないだろうか。

スミレを追いかけていて、いろいろな出会いがあった。仕事のうえでも、スミレの趣味はなにかと役立った。社内では、趣味にうつつを抜かしているなどと思われるのがいやで隠していたが、それとなく知れわたっていたようである。社外では、変わったことを趣味にしているちょっとへんなやつだと注目され、それによってずいぶん助けられたところがある。スミレではないが、まだ三十代前半のころ、たまたま取引先の役員の机の上にイワヒバという古典植物（江戸時代に品種改良された日本原産の植物）が置かれていた。「古典植物がお好きな

スミレ

のですか」とお聞きすると、「きみは古典植物ということばを知っているのか」と驚かれた。それからよく、植物を訪ねて、デパートの屋上の園芸売り場（デパート山と呼んでいた）にごいっしょさせていただいた。仕事の面でもいろいろ便宜を図ってもらった。

この道に入って一年目のころは、よく似たスミレたちとスミレとの区別ができなかったが、二年目に「花が濃紫色」「側弁に毛がある」「葉の柄には翼がある」の三点をチェックしたところ、図鑑にあるスミレの写真とぴったり一致した。「あ、こういうつかみ方で植物の分類はするのだ」と、ひとり悦に入っていたことを思い出す。また、一九八二（昭和五十七）年に訪ねた高草山のスミレが、花の中心部も濃紫色だったことが強烈な印象として残っている。園芸店でミョウジンスミレの名で販売されていたタイプで、野生で見たのは初めてだった。二〇〇六年には、禅寺丸柿で有名な小田急線柿生駅（川崎）で、淡紫色の花のスミレに出会った。二〇一四年には、サクラソウの自生地で有名なさいたまの田島ヶ原へ行く途中、国道沿いの歩道にスミレが群生していて、こんな排気ガスとアスファルトの厳しい環境でも生きていけるのだと、感心した。

スミレにはいろんなタイプのものがあり、葉の細い高山にあるものはホコバスミレ、日本海側の海岸に生えるものはアナマスミレ、太平側のものはアツバスミレなどと名前がつけられている。

19

ヒメスミレサイシン

姫菫細辛

Viola yazawana

本州

4〜8㎝

5月上旬–6月上旬

春の日差しに照らされて

関西に住んでいたころ、自宅のある甲子園からはるばる山梨県の三つ峠山へ、ヒメスミレサイシンを訪ねた。二十九歳、若かった。三つ峠口から達磨石経由で頂上に向かったが、らくに登れたように記憶している。河口湖にある会社の施設に泊まり、土曜日の朝早く、三つ峠駅から登った。達磨石を越えたあたりからそれらしき葉が出てきて、しばらく行くと、あるある、ヒメスミレサイシンが登山道脇に生え、花をつけた株もたくさんある。こんなにあるとは予想もしていなかったので、うれしくなった。頂上に立ち、青空のもと、満足感いっぱいで同じ道をもどった。翌日には、キスミレを訪ねて焼津の高草山を登った。とにかく元気がよく、休みの日には、スミレを訪ねて全国を走りまわっていた。

このころのスミレ探索は、情報が少なく、図鑑に掲載されている記録をたよりに訪ねていたので、目的のスミレとの出会いにずいぶんとかかった。じつにもったいない時間の使い方をしてきたと思うが、それ以上に満足感があった。何度かの空振りののち、やっと訪ね当てたときの喜び、そのスリルと達成感は格別だった。

ヒメスミレサイシンはフォッサ・マグナに生える特殊なスミレで、東京、群馬、山梨、長野に分布している。白色の花をつけ、花期にはまだ十分に葉を展開していない。その葉も少なく一〜三枚くらいで、淡い緑色、表現を変えれば草色をして、やわらかい。葉の基部のほうは外側から中心へ向けて丸くすぼまっており、花より下にある。いかにも繊細な感じを受ける。側弁には毛がなく、萼は葉と同じ色をしている。葉の両面ともに毛深い。夏葉は三角形をしており、先がとがっている。鋸歯は粗く目立つが、数は少ない。花期には昨年の枯葉が残っている株もある。

樹林帯の落ち葉が十分に敷きつめられ、春の日差しがさんさんと当たるようなところに、ひっそりと咲いている。場所によって違うものの、花期は五月十日前後と思えばよい。標高は一三〇〇mぐらいから上。東京近辺では三つ峠山へ行けばかならず見ることができるが、最近は少なくなった。理由はわからない。信濃川上の天狗山のものは個体数が少なく、花期は少し遅い。野辺山の飯盛山などにも点々と見られる。蓼科《たてしな》の横谷峡にも生えている。

スミレサイシンの名は、葉が細辛、つまりウスバサイシンの葉に似ていることに由来する。ヒメスミレサイシンは、スミレサイシンやナガバノスミレサイシンと同じスミレサイシン類だが、地下茎は太くならない。どちらかというとシコクスミレに似ている。シコクスミレの葉は花期には展開していること、葉の質が硬いこと、丸みを帯びていることで見分けられる。学名のViola yazawanaは「矢沢氏のスミレ」という意味である。

20

シコクスミレ

四国菫

Viola shikokiana

本州・四国・九州

5cm

4月中旬–5月中旬

ひと目見たら忘れられない

シコクスミレを初めて見たのは、大阪・梅田のデパートの園芸売り場で開催されていた「日本すみれ研究会」（代表の杉瀬公美氏が設立）の展示会だった。一九七五（昭和五十）年のことで、新聞に掲載された案内で知ったと記憶している。展示会の初日は東京出張にあたってしまったので、妻にようすを見にいかせた。妻の話がもうひとつ要領をえなかったので、つぎの日の夕方、会社の帰りに寄ってみた。驚いた。ずっとひとりでスミレを追っかけていたが、同好の士がけっこういる。しかも、ほとんどが男性だった。

展示会に出ているスミレの鉢には、シコクスミレが多かった。展示会の開催前に採って鉢植えにしたものであることは、土の状態と株の萎《しお》れかげんですぐに気づいた。少し萎れぎみの花柄に白い花をつけていた。しかし、初めて見るスミレだけに衝撃的だった。ほかにもいろいろなスミレの鉢があったのだろうが、このシコクスミレだけしか記憶にない。鉢を並べた机の配置とか、人の数、それらを見ている人たちのようすなどはぼんやり頭に残っているが、展示品のスミレの種類は思い出せない。その前日、妻にこういうものをとくに見てきてくれと頼み、東京から電話をして結果を聞いているのだが、そのことを妻はまったく覚えていない。風化した四十四年の歳月である。

20

シコクスミレ

シコクスミレは、葉がマイヅルソウに似て特異な姿なので、一度見れば、記憶にとどまる。シコクスミレを野生で見たのは、フモトスミレを探しに東京の御岳山を訪ねたときである。おまけで見つけたので、ずいぶん得をしたように感じ、うれしかった。

このスミレが生えているのは、本州の関東地方から紀州にかけて、また名前のついた四国、それに九州で、この地域に分布する植物を特徴づける、ソハヤキ要素の植物のひとつといわれている。この地域の植物は古い起源のものが多くあり、日本固有のものがたくさん見いだされている。ソハヤキは襲速紀と書き、「襲《そ》の国」「速吸瀬戸《はやすいのせと》」「紀伊の国」の頭文字をとったもの。ナガバノスミレサイシンもそのひとつとされる。

意外なことを発見した。四国の高知に住んでいた植物の大家、牧野富太郎の『牧野日本植物圖鑑』の初版には、シコクスミレが掲載されていない。発行は一九四〇年十月二日。牧野富太郎がシコクスミレの学名をつけたのは、『牧野日本植物圖鑑』刊行の三十八年前、一九〇二(明治三十五)年のことで、高知県の鳥形山と大豊町で採集された標本につけている。直々に命名したスミレをどうして自著に掲載しなかったのか、まことに不思議だ。

菫菜説

偶然、図書館で、江戸時代後期の歌人・香川景樹《かげき》の『菫菜説《すみれ》』という冊子を見つけた。その書きだしに、こう書かれている。

「古《いにし》へよりすみれといふは、いまの世にいふけんけ（げんげ）花なり、けんけはれんげをなまれるにて、いとよくはすに似たれば、しかいふ」

つまり、昔はスミレとレンゲソウの名前をとり違えていたという。もともと文字はことばの目印にしただけだということを忘れ、『本草綱目』などに中国の菫の字はわが国のスミレにあたると載っているので、菫はレンゲであるにもかかわらず、スミレととり違える結果になってしまったというのである。

その証として、万葉集の「春の野に菫摘みにと来し我そ野をなつかしみ一夜寝にける」（山部赤人、巻八－一四二四）の情景をよく味わえば、菫（レンゲ）の盛りには毛せんを敷きつめたようで、その上に寝転びたい心地になるさまを詠んでおり、同じ万葉集の「山吹の咲きたる野辺のつぼ菫この春の雨に盛りなりけり」（高田女王、巻八－一四四四）についても、山吹と同じころに咲くのも、また春雨のころに盛りであるというのも、いまのレンゲのありさまに違いなく、また、つぼ菫の「つぼ」は、つぼまって花ぶさがたくさん隠れるようについているレンゲの花の状態をいっているのだろうとしている。

とにかく、万葉集ほか、古歌の菫がスミレでないというのだから、その説たるや、およそ私には考えもつかないほど突飛なものだった。たしかに、スミレをレンゲとして歌を読みかえても、なんとなく通じるようなところがある。当時、私の手持ちの文献にはこのことに言及したものがなく、しばらく疑問に思いながらも、はっきり結論を出さないまま、この『菫菜説』のコピーは本棚に積まれていた。

しかし、あるとき、日本植物友の会の設立者のひとりで、万葉学者の松田修先生にうかがってみると、つぎのとおりだった。「万葉のスミレはレンゲではないかという説をなした学者もいたが、万葉時代にはまだレンゲは渡来していないので（渡来は江戸時代）、あきらかにまちがいであり、歌の菫はスミレである」。

松田先生の明解な答えを得て、この一件は落着したのである。

『菫菜説』を手にしたとき、探し求めているスミレを見いだしたときの、あのときめきを感じた。ところが、表紙を開くと、変体仮名で書かれている。私にはとうてい歯の立たないしろもので、みじめな劣等感を味わった。幸いなことに、当時の上司の母上が学識豊かな方で、無理に頼んで現代語に読みかえていただき、やっと読解できたのだった。

21

クモマスミレ

雲間菫

Viola crassa subsp. alpicola

本州

5～12㎝

6月中旬–7月下旬

白馬の礫地《れきち》に会いにいく

クモマスミレは黄色の花をつける。昔はタカネスミレと呼ばれ、この仲間は同一種とされていたが、現在はタカネスミレ、クマモスミレ、ヤツガタケキスミレ、エゾタカネスミレの四種に細分されている。このうち、クモマスミレは日本アルプスに分布するスミレである。もとの名前を引き継いだタカネスミレは秋田駒ヶ岳など東北の山岳地に、ヤツガタケキスミレは八ヶ岳に、エゾタカネスミレは北海道の高山に分布し、棲み分けている。

独身時代、このクモマスミレの写真を撮るため、夏休みを利用して北アルプスの白馬岳に単独で登った。やっと見つけたクマモスミレの写真を撮って、満足感いっぱいで鑓《やり》温泉へ向かって下りはじめたら、大阪弁の集団が登ってきた。そのなかに盛んに花の写真を撮っている人がいた。ずっとひとりだったので、何かしゃべりたくなって、つい声をかけた。上の稜線にタカネスミレが咲いているという話をした。やさしそうな人で、気があいそうだった。住所を交換した。地図の端に書いてもらった名前は木川発夫。どこかで聞いたような、見たような名前だった。鑓温泉に着いたときに思い出した。名前がめずらしく、頭の片隅に当時の記憶が残っていた。一方の木川さんは、そのとき、私のことを思い出せなかったようだ。

出会いは、尼崎に本社・工場がある機械メーカーに入社して一年の研修がすみ、最初の仕事が与えられたころのこと。これから担当する製品の英文カタログをつくる仕事だった。木川さんは、その制作を担当してくれた印刷会社の人だった。その仕事では、小さな製品の写真を撮るのに、カメラマンが助手を何人も引き連れ、大型カメラや大きな照明道具を持ちこんで、ああでもない、こうでもないと、いろいろな角度から写真を撮ることに驚き、プロは違うなあと感心した。

下山後、木川さんにハガキを出し、おつきあいがはじまった。以来、かれこれ半世紀近くのおつきあいになる。その後の私の人生を左右する木川さんとの縁をつないだクモマスミレは、忘れられないスミレのひとつになった。

それからもクモマスミレを何度か訪ねたが、ともかくアルプスという高山を登らなければならない。結婚後、少し太りはじめていたものの、まだまだ体力には自信があった。しかし、思わぬところに落とし穴があった。股ずれを起こし、祖父の形見のズボンが擦りきれてしまった。その痛さもまた、クモマスミレに結びつく思い出だ。

朝日岳を経由して白馬岳から関電トロッコのある欅平《けやきだいら》へ下ったときだった。白馬岳からの下りにさしかかる礫地にクモマスミレが群生していた。その姿をいまだ忘れられない。最近は、比較的簡単に登れる八方尾根の礫地にクモマスミレを訪ね、思い出に浸っている。

22

タチスミレ

立菫

Viola raddeana

本州・九州

30～50㎝

5月中旬–6月中旬

葦原を探しまわること三年

尼崎にある本社・工場から東京本社への転勤辞令をもらったとき、大都会で食べものの味も違う東京で生活できるのか、心底不安だった。その当時、私にとって東京はほとんど未知の世界。東京への出張はたまにあったが、日帰りで、行くと帰りは麻雀に誘われ、深夜便の飛行機でよく帰っていた。当時は、ムーンライト便といって、日付が変わってから羽田を出て伊丹空港へ飛ぶ便があり、新幹線に乗れなかったときは、それを利用していた。機種はYS‐11、その脚はわが社でつくっているものだった。麻雀でいつも負けていたので、東京にはあまりよい印象がなかった。

ただ、東京転勤の楽しみもあった。関西にはないタチスミレが見られることである。東京に慣れたころ、資料をいろいろ集めて、タチスミレの生えていそうな場所を二万五千分の一の地図にプロットして、休みごとに訪ねた。当時、国鉄の順法闘争で、電車が動かないときがあった。苦労して出勤していたが、そのうち、その日は会社も休みになった。それをよいことに、車でプロット地点の利根川やその支流、手賀沼などを訪ねた。葦原がなく、護岸工事でコンクリートになっていたり、住宅地になっていたりで、思いのほか自然が破壊されていた。

22

タチスミレ

ありそうなにおいがする場所で、だれも人のいない葦原をかき分けて探しまわった。泥まみれになりながら、マムシは出てこないか、密猟のハンターに獲物とまちがわれないか、へんなものと出会わないか、ヒヤヒヤしながら。探しだすまでに三年かかった。

最初に見つけたのは、千葉県内の利根川流域の栄橋近辺だった。草刈りがされた場所に生えていたタチスミレは背が低く、標準的なものではなかったが、白い花をつけ、かなりの個体数があった。そこには、子どもを遊びに連れていきがてら、よく通った。つぎに、茨城県水海道の小貝川で見つけた。ここのはすばらしく、これこそタチスミレだという姿をしていた。このときの感動は忘れられない。九州にもあると聞き、情報を集めていたら、仲間がネットの情報から推測してその地を見つけだしたというので、案内してもらった。池のまわりの砂地に点々と生えており、背は低く、利根川の栄橋のものと草姿がよく似ていた。

あるとき、約二万点の植物標本を所蔵している方を訪ね、五十年前のタチスミレの標本を見せてもらった。利根川にはいくらでも生えていたという。いまでは見られない。水海道の私だけの秘密の場所も知る人が増え、そのうちなくなるのではないかと心配している。渡良瀬遊水地や菅生沼などでは群生して生えている。ここは保護されているので、安心なのだが。

タチスミレの発芽率はひじょうに高い、と栽培のベテランから聞いた。採り蒔きすると、すぐに発芽するという。ケイリュウタチツボスミレもそうだと聞く。洪水などで攪乱されやすいところに生えるスミレは、すぐに成長し、つぎの世代を残さないといけないので、発芽率がよいのだろう。ただ、いっせいに発芽することは、洪水などで発芽苗がダメージを受けたとき、全滅してしまうかもしれないという心配がある。いま残っているタチスミレの生育地は、大切に管理しておいてほしいものだ。オギやヨシの枯れ葉や枯れ茎が残っていると、タチスミレの生育はあまり芳しくなく、菅生沼や渡良瀬遊水地でおこなわれている野焼きがよいようだ。それらの論文がいくつか出ている。

スミレ属のなかで、初めて日本人が学名として発表したのは、このタチスミレであり、矢田部良吉という東京帝国大学の教授がつけた。

23

トウカイスミレ

東海菫

Viola tokaiensis,
nom. nud.

本州・四国

3〜8㎝

3月下旬–5月上旬

学名はまだない

「日本植物友の会」とは、一九七〇（昭和四十五）年ごろに入会して以来のつきあいになる。一九八〇年、静岡県の水窪であった日本植物友の会の観察会に参加した。当時、会社の役職は副長で、バリバリの仕事人間だった。たまたま土日の観察会だったので、参加できた。そのとき、それまで見たことのないスミレを雑木林で発見した。葉の鋸歯が粗く、葉の色は明るい淡緑色。繊細で弱々しいさまを見て、このときはヒメミヤマスミレだと考えた。ところが、撮ってきたスライド写真と、図鑑の写真や説明とがあわない。ずっとそのことが頭の片隅に残ったが、じつはこれがトウカイスミレだった。

この水窪の観察会に参加したきっかけは妙なものだった。会報に掲載されていた参加費はずいぶんと安く、これならと思って電話で申し込んだところ、「費用の計算まちがい、参加費は倍です」という。「それではやめます」とも言えず、内心渋々であったが、行くことにした。わだかまりのある観察会だったが、未知のスミレに会えたのは費用以上のものだった。トウカイスミレは、ヒメミヤマスミレと混同され、その少し形の違ったものとされていたが、二〇〇四年、いがりまさし著『日本のスミレ』増補改訂版にトウカイスミレと掲載されてから、脚光を浴びるようになった。トウカイスミレを訪ねるツアーが旅行会社で毎年計画され、

23

トウカイスミレ

多くの人が参加し、当時トレンディーなスミレとなった。

とはいえ、トウカイスミレは、まだ正式に「発表」されていない。つまり、世界共通の正式な学名がないのだ。スミレの研究者がつければよいと思うが、そう簡単な話ではなさそうだ。

このスミレの生息地は、箱根や富士山麓、富士山の外輪山、東海地方などで、伊豆半島と紀伊半島にもあるという。落葉樹の下で群生するものが多い。よく似たヒメミヤマスミレと見分けるポイントは、トウカイスミレは花が少しピンク色を帯びること、葉の色がやや明るい草色であること、ヒメミヤマスミレより花期が早いこと、咲きはじめは葉が十分に展開していないことなどである。

箱根の駒ヶ岳から神山へ行く登山道には、トウカイスミレが群落をつくっている箇所が点々とあったが、火山活動が活発になったことで、このあたりは立ち入り禁止になり、見られなくなっている。富士山の外輪山である三国山に行く登山道の両側にもびっしり生えていたが、イノシシが増えて、その後どうなったか気になるところだ。イノシシはスミレを食べないが、土を掘りおこすので、スミレへのダメージはけっこう大きい。

24

オオバタチツボスミレ

大葉立坪菫

Viola langsdorfii
subsp. sachalinensis

北海道・本州

20〜40㎝

5月中旬-6月中旬

24

オオバタチツボスミレ

大柄でバタくさいがクセになる

初めてこのスミレを訪ねたのは四十年ほど昔のこと。土曜日の午後、仕事を終えて尾瀬へ直行した。鳩待峠で一泊し、アヤメ平へ。ところが、湿原は荒れはて、植物がほとんど生えていない。植生復元のために筵《むしろ》があちらこちらに置かれており、スミレどころでなかった。つぎの年、こんどは夜行日帰りで、尾瀬の湿原を歩いて龍宮小屋に向かい、オオバタチツボスミレを見つけたが、時期が早すぎて、開花株はなかった。翌年、三年目の挑戦でやっと花に会えた。梅雨真っ盛りの一九八一（昭和五十六）年六月二十七日、雨のなかの出会いとなった。

その後も機会があるたびに訪ねている。最近では二〇一七年六月八日に訪ね、いつもより早かったが、開花株はけっこうあった。温暖化の影響か、昔より二週間近く開花が早くなっている。

オオバタチツボスミレは、湿原や湿地に生える大型のスミレである。尾瀬では、山の鼻にある研究見本園と、龍宮の休憩地周辺で、簡単に見ることができる。個体数が多いので、すぐにわかる。花は濃紫色から淡紫色と変化に富み、径二～三㎝と大きく、紫条がすべての花弁にあるので目立つが、少々毒々しい。葉は厚ぼったく、つるつるとしており、楚々とした感じがない。なかには草丈が四〇㎝もあるものもある。私には洋風でバタくさく思え、好ましいスミレには入らない。しかし、湿原に生え、東京近辺では見られないめずらしいスミレなので、ついつい何度も訪ねてしまう。

「バ」があるかないかの違いだけで、オオタチツボスミレと名前が似ているが、まったくの別種である。大きさが違い、生えている場所も違う。オオバタチツボスミレを思いうかべて話しているのに、口がかってにオオタチツボスミレと言ってしまうことがあり、オオバタチツボスミレの名前を口にするときは、ひと呼吸おいて話すようにしている。

オオバタチツボスミレの手持ち写真の撮影場所を確認すると、尾瀬沼が大半で、あとは、福島県の雄国沼、北海道のメグマ沼しかなかった。二〇一九年の六月十八日から三日間、さらに二十六日からも釧路方面の湿原を訪ねたが、会えなかった。そのときに手に入れた佐藤照雄著『釧路のスミレ』に、「北海道では多く分布するスミレで（中略）しかし釧路地方では稀にしか見られない希少種で、最も東部に位置する海岸沿いの湿地に少数が自生する」とあり、納得した。北海道の湿原もけっこう訪ねているが、まだ見つけだせていない。

25

シロスミレ

白菫

Viola patrinii

北海道・本州
10〜20㎝
5月中旬–6月下旬

ホソバシロスミレ

細葉白菫

Viola patrinii var. angustifolia

本州・四国・九州
8〜10㎝
5月中旬–6月中旬

すっきりと白い高原の花

シロスミレは高さ一〇～二〇㎝で、春の高原に点々と群生し、愛知県以東の本州から北海道に分布する。スミレに興味を惹かれた入門者にとって、見分けが簡単そうに思われ、早く見たいと思うスミレのひとつだ。

アリアケスミレと似ているため、見分け方が書かれた図鑑がよくある。

この二種は、まず生育場所からすぐに判別できる。シロスミレは標高の高い高原にあり、アリアケスミレは河川敷とか湿地、路傍、田んぼの縁などに生えている。つぎに花の色。シロスミレは白く、唇弁に紫条があるのみで、すっきりしている。アリアケスミレは、ほぼ白色のもの、淡紅色がかったもの、淡紫色のものなど、変化に富むことに加え、紫条が五個の花弁すべてにあり、派手に感じる。また、葉も違う。シロスミレは葉の数が少なく二～三個、葉柄が葉身より長く、葉より下で花が咲く。アリアケスミレは反対で、葉が多く三～五個、葉柄が葉身より短く、葉と同じ高さか上で花が咲く。

関東地方でシロスミレを見たければ、蓼科の車山高原や池の平へ行くとよい。サクラスミレとともに見られるが、シロスミレの見ごろには、サクラスミレの花は終わりかけている。

本州の滋賀県以西の標高七〇〇～一五〇〇mには、シロスミレの変種、ホソバシロスミレ

25

シロスミレ/ホソバシロスミレ

が分布する。シロスミレより小型で、葉身が細い。初めて見たのは、一九七四（昭和四十九）年五月十七日。滋賀県で開かれた、自然保護協会の植樹祭の散策会でのことだった。団体行動だったので、ちゃんとした写真は撮れなかった。それ以来、情報を集めていたところ、滋賀県は比良山の武奈ヶ岳頂上付近にあるという。比良山は、学生時代、二週間のテント生活をおくり、ひまな日曜日によく訪ねた思い出深い山である。すでに転勤で東京住まいになっていたが、休みを利用して甲子園の実家に泊まり、武奈ヶ岳を訪ねた。残念ながら、見つからなかった。

九州の山では、数か所でそれらしきものを見ていたが、花期でなかったので、確信がもてなかった。そうこうしていると、福岡の植物の友である尾関丹宏さんから連絡があり、大分の久住で簡単に見ることができるという。二〇一二年五月十七日、福岡植物友の会の副会長で親しくしている野村郁子さんとともに案内してもらった。赤川温泉近く、木漏れ日の当たる林下に生えていた。シャッターを夢中で切った。やっと写真が撮れた満足感で気が抜けて、しばらくボーッとしてしまった。このとき、スミレの高山系とされているホコバスミレも撮ることができた。

26

フモトスミレ

麓菫

Viola sieboldii

本州・四国・九州

3〜8cm

4月上旬–5月中旬

26

フモトスミレ

見落としそうな小さな花

フモトスミレを初めて見た場所は、東京の御岳山だった。一九七八（昭和五十三）年、フモトスミレを見るために登った。和名のとおり麓にあるものとばかり思っていたが、なかなか出会えない。通りすぎたのではないかと行きつもどりつしていたところ、山頂への登りにさしかかるあたりでやっと、白い花をつけたフモトスミレを見つけた。こんなに上にあるとは思わなかった。想像していたよりも小さい。見落とすはずだ。

一度見つけると、目が慣れて、つぎつぎ発見できた。フモトスミレは、あまりにも小さく、地面にへばりつかないと写真が撮れない。しかし、敷かれた木道はせまく、そこに腹這うと人が通れなくなる。おまけに少し湿っていて、ドロドロになりそうだ。結局、上からしか撮影できず、不満を残しながら、この地を離れた。

その後、奥武蔵の山々に訪ね、標高三〇〇mくらいの乾燥ぎみの林縁に広い範囲で見つけた。山の麓とはいえないが、御岳山にくらべると、ずっと低い。ここでは、どこにでも見られるうえに、安心して寝転がって撮影ができる。フモトスミレは、岩手県以南の本州、四国、九州の明るい林縁や林内の広い範囲に分布するスミレだ。

御岳山は人気のある山で、休日にはたくさんの人が訪れる。この山には、三つの思い出がある。ひとつは、銀座のクラブのママに誘われ、ほかのお客といっしょにハイキングに来たときのこと。私は弁当持ちで、ふたりのあとを情けなく歩いていた。まだ花は咲いていなかったが、フモトスミレの葉を見かけ、漱石の「菫程な小さき人に生れたし」が浮かんだ。なんとみじめなわが身かと思いつつ、とぼとぼ歩いた。妻には言えない話である。

もうひとつは、朝日カルチャーセンター横浜の観察会でのこと。初めて参加した方が行方不明になった。あまりにも人が多くて、ほかのパーティについていってしまったのだ。まえもって、万が一はぐれたときの待ち合わせポイントをいくつか決めていたが、とうとう最後まで会えず、大騒ぎとなった。朝日カルチャーの部長さんが横浜から御嶽駅まで来られ、いよいよ警察に捜索願いを出そうかと話をしていたら、家族の方から電話があり、家に帰りついたとのこと。それ以降、観察会では、はぐれたときの連絡先が案内されるようになった。

最後は、ひとつの出会い。あるとき、御岳山のボランティア活動をしている方々にスミレの話をした。その責任者の関いつ子さんが、私の住んでいる新百合ヶ丘の昭和音大に勤めていたことをきっかけに、私はまた音楽を楽しむようになり、モーツァルトやシューベルトの歌曲「すみれ」などを聞くようになった。スミレを通じて、ずいぶんと人のつながりが増えている。

27

ミヤマスミレ

深山菫

Viola selkirkii

北海道・本州・四国

3～10㎝

5月上旬-6月中旬

紫色の大群落で驚かす

北海道の函館にある藻岩山へ、日本植物友の会の観察会二十名でスミレを訪ねた。ところが、まちがえて反対側の砥石山に登ってしまった。バスがいつもの登山口と反対側に止まったうえに、登山口にあった「ヒグマ出没目撃、注意」「出没時期は三日前」と表記した看板に気をとられ、登山口を確認せずに登ってしまったのだ。藻岩山には、一年前に下見にも訪れ、何度か登ってよく知っている山だと思ったことも、油断につながった。

「もうすぐカーブがあって、アイヌタチツボスミレが出てきますよ」などと説明しながら進んでいるのだが、カーブがない。どうもおかしいなと思いつつ、登っていった。途中で下山してくるハイカーに「藻岩山はここでよいでしょうか」と訪ねても、「さあ？　わかりません」と言うだけで、要領をえない。午後もかなり進み、まちがっていたらひき返さないとまにあわない時間になった。ちょうど下山してきた親子連れに聞いたところ、「反対のあそこに見える山ですよ」と教えられ、びっくり、あわててUターンした。道中、早春の花が思いのほか多かったので、だれひとり文句は言わなかったが、大失敗だった。「地図を読めない男」の名をもらってしまった。

まちがえて登った砥石山にもミヤマスミレは多かったが、藻岩山には大群落がある。ミヤ

27

ミヤマスミレ

マスミレは、根の先端からも株をつくる性質があるので、群生するのだ。この藻岩山でも、花期には山道の脇が紫色の絨毯《じゅうたん》になり、あまりにもすごいので、びっくりさせられる。ただ、花盛りが過ぎると、花弁がだらしなく伸びるのか、バランスが悪くなり、色も濁ってきて、いただけない。

ミヤマスミレは北海道から四国まであり、北海道では低山や里山にあるが、本州の東北地方以南や四国では標高の高い山に産し、九州にはないことになっている。高さ三〜一〇㎝で、葉に特徴がある。ハート型で、基部は湾入している。葉脈が目立つので、少ししわが入っているように見える。縁には鋸歯があり、基部に少し毛が生えている。裏面は紫色を帯びるものが多い。花は、淡紫紅色で、側弁には毛がなく、唇弁と側弁に紫条がある。ヒナスミレによく似ているが、花の色が違うので、花があるときにまちがうことはまずない。ヒナスミレの葉は少し細長く、地面に対して水平に出るものが多いが、ミヤマスミレの葉はやや円形に近く、斜めに立ちあがるものが多い。

ミヤマスミレに斑があるものがあり、フイリミヤマスミレという。北海道でよく見られ、アポイ岳でたびたび出会った。白色花のものをシロバナミヤマスミレ、葉身や葉柄に毛がないか、わずかしかないものをハダカミヤマスミレという。

スミレを見分ける

✣見分ける方法

大半のスミレは分布域が限られており、生えている場所で種を特定できるものが多い。そのため、スミレ観察に行くまえに、その場所にどのようなスミレが生えているかを調べることが大切だ。

私は、つぎのような手順を踏んでいる。

①インターネット、各地の植物リストや植物図鑑などを参考に、そこに生えているスミレを野帳に書きだす。

②観察に持参するスミレの図鑑を一冊用意し、野帳に書きだした、見たいスミレのページに付箋をつけておく。スミレの検索表や、種の違いをまとめた比較表を自分でつくってみるのもよい。ああでもない、こうでもないと疑問を解きながら整理していくのも、けっこう楽しい作業である。

✣スミレを見分ける楽しさ

知らない人と親しくなる第一歩は、その人の名前を知ることからはじまる。それと同じで、スミレの名前を知ることで、そのスミレが気になりだし、そのスミレのことをもっと知りたくなる。

スミレは、花のかたちを見れば、スミレの仲間であることがすぐわかる。そこから、このスミレは地上に伸びる茎があるのに、こちらにはない、このスミレは距が特別に長いなどと、違いをつかんで、それぞれのスミレの名前を覚えていくと、達成感を味わえる。また、名前を知っていることで、図鑑を見ていても理解力が深まり、知識が増え、知的好奇心を満足させられる。わからなかった花の名前が特定できたときのうれしさ、喜び。スミレを追っかけていてよかったなと、つくづく思ってきた。

③現地でスミレに出会ったら、名前を調べたいスミレの実物を、付箋をつけておいた図鑑の写真やイラストと絵合わせする。解説の記述と一致するかも確認する。自作の表がある場合、それと照らしあわせる。

チェックするポイントは、花の色、生育場所、地上茎の有無、葉のかたち、毛の有無、托葉のかたち、花柱上部のかたち、萼の付属体のかたちなど。すべてをチェックしなくても、いくつかの項目があえば、それで種類を確定できる。

✢似たものどうしの違いを覚えるのがコツ

これらのよく似たスミレの違いをつかむことができると、大半のスミレは区別できる。

[関東地方では]

・タチツボスミレとニオイタチツボスミレの違い
・スミレ、アリアケスミレ、ノジスミレの違い
・コスミレとアカネスミレの違い
・アオイスミレとマルバスミレの違い
・エイザンスミレとヒゴスミレの違い
・ヒナスミレとミヤマスミレの違い
・ニョイスミレ、ヒメスミレ、ヒカゲスミレ（タカオスミレ）は、個別にそれぞれの特徴を覚える。

[全国的には]

・オオタチツボスミレとタチツボスミレの違い
・シハイスミレとマキノスミレの違い
・タチツボスミレとエゾノタチツボスミレの違い
・タチツボスミレとコタチツボスミレの違い
・ニオイタチツボスミレとナガバノタチツボスミレの違い
・タチツボスミレとアイヌタチツボスミレの違い
・アオイスミレとエゾアオイスミレの違い

次ページのような表をつくって持ち歩くのもよい。見つけたスミレをチェックしているうちに、少しずつ覚えていけるだろう。

また、太平洋側に住んでいる人は日本海側のスミレを見ることによって、日本海側に住む人は太平洋側のスミレを見ることによって、全体像がつかめ、一挙にスミレの理解度が深まるものと思う。

よく似たスミレの比較表

	タチツボスミレ	ニオイタチツボスミレ
共通点	地上茎がある。托葉は櫛形に切れこむ。花柱上部は棒状	
花	淡紫色が多い	濃紫色で中心部が白く抜ける
花数	多い	少ない
毛	毛はない（少し高い山には有毛品もある）	花柄などにビロード状の毛がある
葉	円心形	長楕円形〜円心形
生育地	山の斜面、林縁	尾根筋、丘陵の少し乾きぎみのところ
分布	北海道〜琉球	北海道〜九州

	タチツボスミレ	オオタチツボスミレ
共通点	地上茎がある。托葉が櫛の歯状に裂ける。花柱上部が棍棒状。側弁無毛	
花	淡紫色。距は淡紫色〜白色。花は根元からと地上茎の葉腋から出るものとがある	淡紫色で中心部が白く抜ける。唇弁の紫条が細かく目立つ。距は白色。ほとんどの花は地上茎の葉腋から出る
葉	円心形	円心形、葉脈の凹凸が目立ち、しわがよった感じでやわらかく、円みがある
生育地	山の斜面、林縁	山の斜面、林縁
分布	北海道〜琉球	北海道〜九州（日本海側に多い）

	スミレ	ノジスミレ	アリアケスミレ
共通点	地上茎がない。托葉の縁に腺毛状の突起がある。花柱上部はカマキリの頭状		
花	濃紫色	濁った感じの青紫。中心部は白く抜ける	濃紫色～白色。紫条が目立つ
毛	全体無毛または有毛。側弁有毛	花柄、葉にビロード状の毛。側弁無毛	全体無毛。側弁有毛
葉	長披針形。ダークグリーン	三角状披針形。スミレよりダークグリーン	長楕円状披針形。明るい草色
生育地	路傍、林縁、丘陵	路傍、丘陵	湿ったところ、湿地、川岸、路傍
分布	北海道～九州	本州～九州	本州～九州

	エイザンスミレ	ヒゴスミレ
共通点	地上茎がない。葉が切れこむ。花柱上部はカマキリの頭状。側弁基部は有毛	
花	白色～淡紅紫色。花弁の波打つものが多い	白色～淡紅紫色。花弁は円みを帯びる
毛	側弁有毛	側弁有毛
葉	葉は切れこみ、3-5全裂で裂片は幅がある	葉は切れこみ、5全裂で裂片は細かい
生育地	丘陵、山地の林縁	丘陵、草原、山地の林縁で、エイザンスミレより日当たりのよいところ
分布	本州～九州	本州～九州

黄花の駒の爪 ✣ キバナノコマノツメ
南山菫 ✣ ナンザンスミレ
高嶺菫 ✣ タカネスミレ
匂立坪菫 ✣ ニオイタチツボスミレ
蝦夷の立坪菫 ✣ エゾノタチツボスミレ
如意菫 ✣ ニョイスミレ
野路菫 ✣ ノジスミレ
筑紫菫 ✣ ツクシスミレ
日陰菫 ✣ ヒカゲスミレ
苔菫 ✣ コケスミレ
屋久島菫 ✣ ヤクシマスミレ

Ⅱ

スミレを追う
——寝ても覚めても

ナンザンスミレのピンク色の花もそこに見つけた。
側弁の内側基部が黄色く色づいていて、
じつに気品がある。
いままで写真をたくさん見てきたが、
このことには気づかなかった。
また観察の楽しみが増えた。——ナンザンスミレ

木道に寝転び、無理な姿勢で
シャッターを押しつづけた。
両足の太ももに痙攣が生じたが、
コケスミレが逃げていきそうな気がして、
痛がるのはあとにした。——コケスミレ

スミレは、天気のよいときに強く香り、
少し離れていても気づく。
静岡の高草山の山道を歩いていると、
プーンとあまいにおいが漂ってきた。
足元にニオイタチツボスミレが群生していた。
——ニオイタチツボスミレ

28

キバナノコマノツメ

黄花の駒の爪

Viola biflora

北海道・本州・四国・九州　5〜20cm　5月下旬–8月上旬

28

キバナノコマノツメ

初夏の草原を飾る黄色い絨毯

一九八四（昭和五十九）年はキバナノコマノツメの当たり年だった。

最初は、六月二日、三日に雲取山を登ったとき。奥多摩小屋の手前と雲取山の登り一面に咲く姿は壮観そのもので、足の踏み場もないほどだった。これまで、いくどもキバナノコマノツメを見てきているが、これほどの数に会ったのは初めてだった。

つぎは、六月二十三日、二十四日に、スミレの友に連れられて、八ヶ岳の山麓にウスバスミレを訪ねたとき。道中の車道ぎわに黄色の絨毯を敷いたように咲いていた。この友とは、スミレを通じて知り合った。村田俊二さんという。私より十一も年上だが、スミレのとりもつ縁で、歳とは関係なく親しくさせてもらっている。

三度目は七月二十一日、二十二日に、家族全員で中央アルプスを登ったとき。ロープウェイの終点の千畳敷から稜線にかけ、キバナノコマノツメが満開であった。ここは前年の八月二十七日、二十八日にも訪ねているが、ほかの植物に覆われてしまっていたからか、あるいは注意力が足りなかったせいか、キバナノコマノツメには気づかなかった。こんなに生えているとは予想もしていなかったので、思いがけない出会いとなった。

こういうわけで、この年はキバナノコマノツメの写真が一挙に増えた。キバナノコマノツメの写真は、いままでに何枚も撮っているが、なかなかうまく撮れていない。たくさんの花をつけ、華やかで写真にいいと思うものがあっても、かならずと言っていいほど、横を向いた花や萎れかかったものが二、三本混ざっている。また、草原に多いので、ほかの草とともに生えており、バックの処理が難しい。残念ながらこの年も、撮ったなかに満足のいくものはなかった。

「黄花《きばな》の駒《こま》の爪《つめ》」の名は、葉が馬のひづめに似て、黄色い花をつけることからつけられた。スミレ類のなかで、語尾や語幹にスミレとつかないのは、このキバナノコマノツメと、ニョイスミレの品種であるムラサキコマノツメの二種だけである。

キバナノコマノツメは北半球の高山帯に広く分布し、日本では、九州では屋久島・宮之浦岳に、四国では赤石山・石鎚山・剣山に、本州では南アルプス以北の高山に、また北海道では高山に生育している。花期は長く、六月中旬から七月中旬にかけて花をつける。

タカネスミレやクモマスミレとよく似ているが、キバナノコマノツメには茎や葉に細かい毛がたくさんあるので、見分けがつく。また、あきらかに生育場所が違い、キバナノコマノツメは草原に、タカネスミレの仲間はコマクサが生えているような礫地に生育している。学名のViola bifloraは、二語名法を提唱し、近代分類学の父と呼ばれるカール・フォン・リンネの命名で、種形容語のbifloraは、二花のという意味である。

29

ナンザンスミレ

南山菫

Viola chaerophylloides
var. chaerophylloides

九州
5〜10㎝
3月中旬–5月上旬

通いつめてわかる気品

ナンザンスミレは、日本では対馬だけに分布している。四月二日に対馬を訪ねた。人事異動の時期で気になりながらも、金曜日に休みをとった。不安が的中し、社長交代の発表があり、当日、挨拶があるという。ずいぶん迷ったが、キャンセル料がかかることもあり、強行してしまった。後悔の念で一日中落ち着かなかったが、会社の業務が終わる六時ごろを過ぎると、すっきりした。

そういう思いをしながら出会ったナンザンスミレに感動した。対馬では、知人から送ってもらった地図と、大まかな生育場所が記載されている邑上益朗著『対馬の花Ⅰ』のコピーを片手に、レンタカーで走りに走った。

ナンザンスミレは、高尾山などで見るエイザンスミレと同じような環境に生えていた。杉林や雑木林の、少し明るい道ばたや登山道沿いにけっこうな個体数があった。どこにでもあるというわけではなく、ちょっと湿り気のある場所だった。帰りはゲンカイツツジを見るために本土側の海岸道を走ったが、ナンザンスミレはまったく見つからなかった。

ナンザンスミレの葉はヒゴスミレより幅広く、切れこみはエイザンスミレのように不規則ではない。葉の色は淡い緑色というか草色である。葉全体は五角形で手のひら状となってお

29

ナンザンスミレ

り、一か所から裂片が出ているものと、エイザンスミレのように、三つの裂片が一か所から出て、外側の裂片からさらに裂片が出るものとがあった。花は純白だった。

その後、対馬に何回か行き、ピンク色の個体もかなり見つけた。驚いたことに、側弁の内側基部がシレトコスミレのように黄色く色づいている。じつにきれいで気品がある。いままで写真をたくさん見てきたが、このことには気がつかなかった。過去に撮ったエイザンスミレやヒゴスミレの写真を見返すと、かすかに色づいているが、これほどではない。また観察の楽しみが増えた。側弁にはエイザンスミレやヒゴスミレのように毛があり、花弁はヒゴスミレのように丸みを帯びている。

ナンザンスミレは大陸系のスミレで、朝鮮半島から中国東北部、シベリアに分布している。大陸と対馬が陸続きになっていたときの遺存植物である。ヒゴスミレは、ナンザンスミレの変種扱いになっている。

日本植物友の会の常任理事をしていた上越の春日神社宮司、小川清隆さんの本『雪国の植物誌』の冒頭に、「旅は一人でするものだと私は思っている」とあるのを読んで、真似をしてみようと思い、ナンザンスミレ観察会の下見で対馬を訪ねたときは、ひとり旅とした。植物の見落としがあった気もするが、時間に左右されず、好きなだけ時間をかけて写真を撮れた。泊まった国民宿舎に、泊まり客は二組だけ。ブリの刺身がうまかった。

30

タカネスミレ

高嶺菫

Viola crassa subsp. crassa

本州

5～12㎝

6月中旬–8月上旬

再挑戦かなって満開のお出迎え

妻がときどき凶暴になる。原因はわかっている。阪神タイガースのせいである。平素は帰宅すると、玄関まで迎えにきてくれるのだが、タイガース戦のテレビ中継がある日は、オートロックの鍵が開錠するだけ、玄関までカシャカシャと大きな音が聞こえてくる。居間に入ると、虎縞《とらじま》で彩られたメガホン両手に腰を振り振り、テレビの前で踊っている。カシャカシャはメガホンからの音。「また負けているのか」などと言うと、メガホンでポカと頭をやられる。「勝っているな」と言ってもダメ。「あなたが言うと負ける」と、またポカとやられる。何を言ってもポカなのである。どうもスミレ探索行は、こんな家庭や仕事からの逃避ではないかと思うようになった。

その妻と秋田駒ヶ岳にタカネスミレを見にいった。ところが、このときは嵐にあい、カメラを一台ダメにしてしまったあげく、途中でひき返したので、タカネスミレとの面会はかなわなかった。つぎの年、再度挑戦した。妻はいないが、六月二十九日のこの日は、雲ひとつない快晴だった。メンバーは四名、全員が天気運に自信をもつ者たちだった。

タカネスミレは、一九七四（昭和四十九）年に高橋秀雄氏によって細分された。北アルプス・中央アルプスに生育しているものはクモマスミレ、八ヶ岳のものはヤツガタケキスミレ、北海道のものはエゾタカネスミレ、秋田駒ヶ岳のものはタカネスミレと、四種に分けられた。一般に知られるようになったのは、一九八〇年刊の『信州の高山植物』（奥原弘人・千村速男著）からではないかと思う。

秋田駒ケ岳に生育するタカネスミレは全体に無毛で、花柱の上部に突起毛がある。葉は厚く、光沢があり、照りのあるグリーンの濃い色をしている。東北地方の高山、岩手山・秋田駒ヶ岳・薬師岳に分布する。訪ねた秋田駒ヶ岳はちょうど満開だった。礫地に広がる群落はあたり一面に黄色の花がへばりついているようで、壮観だった。

クモマスミレは全体に無毛で、葉は厚く濃緑色、葉脈に赤味がかかることが多い。このスミレに会うためには、北アルプスのけわしい登りを覚悟する必要があるが、らくに行ける穴場がある。八方尾根のハイキングコース脇の礫地に生育している。

ヤツガタケキスミレはキバナノコマノツメのように、葉に毛がある。葉の色が薄い緑で、礫地に生えていることによって私は区別している。七月上旬に咲き、硫黄小屋から横岳へ向かう途中で簡単に見られる。

エゾタカネスミレは北海道の高山に分布する。夕張岳にシソバキスミレを訪ねたときに、頂上近くの礫地に群生していた。葉は無毛で光沢がなく、匐枝《ふくし》で、あまり増えない。

31

ニオイタチツボスミレ

匂立坪菫

Viola obtusa

北海道・本州・四国・九州

5〜15㎝

3月下旬–5月上旬

香りでそのありかがわかる

ニオイタチツボスミレはよい香りがする。スミレの観察会の下見に高尾山（東京）を訪ねたときのこと、調布駅のベンチに座って高尾行きの急行電車を待っていたら、若い女性がとなりに座った。プーンと香ってきた。それは、ニオイタチツボスミレの香りそのものだった。それとなくそのにおいをかいでいると、そのうち彼女は、ハンドバックからバイオレット色をしたスプレーをとり出して眺めはじめた。どうもこれが、においのもとではないか。だとすればスミレの香水だ、と思った。

以前、『科学朝日』で、においによってニオイタチツボスミレのありかを見つけたという記事を読んだことがある。スミレの魅力にとりつかれた歯科医の故・村井久先生が書かれたエッセイだった。当時はまさかと思っていたが、静岡の高草山を訪ねたとき、山道を歩いていると、プーンとあまいにおいが漂ってきた。足元にニオイタチツボスミレが群生していた。この地のものは、とくににおいが強かったようで、初めての経験だった。

スミレは、天気のよいときに強く香り、少し離れていても気づく。鉢植えにされた園芸種のニオイスミレ（オドラータ）や園芸種として販売されているヒゴスミレなどは、ちょっと鼻先を近づければ、香りを感じることができる。口では言い表せないが、それぞれのスミレに

31

ニオイタチツボスミレ

よって、においは微妙に違う。タチツボスミレなど、まったくにおいを感じさせないスミレもある。エイザンスミレは鼻をしっかりと近づけて初めて感じる。

　とあるワイン教室で、スミレの香りがするというワインの試飲があった。それは、サン・ジョゼフ・ヴィエイユ・ヴィーニュ・タルデュー・ローラン（二〇〇一年）で、コート・デュ・ローヌ地方のものだった。どうひいき目にいっても、スミレのやわらかく、ほのかにあまい香りではなく、化粧品のにおいであった。さっそく美人講師に、これはスミレとはほど遠いと伝えたが、これがスミレの香りですと、がんとして聞きいれない。ワインには香りの基準サンプルがあるという。つぎの会で、その基準サンプルを持ってこられたが、それもスミレの香りとはまったく違う。ほんもののスミレの香りをかいだことがないのだろうから、しかたがないかと、それ以上の議論はやめてしまった。

　ニオイタチツボスミレの種形容語obtusaは「円みを帯びた」という意味。根生葉が卵状形で、葉先が円みを帯びていることから来ている。ただ、この葉も花後は少し細長くなり、まるでナガバノタチツボスミレのあまり葉の長くなっていない個体のようになるものもある。

　少し乾燥ぎみの尾根筋や丘陵地帯の、春は日当たりのよいところに生える。タチツボスミレとも似ているが、花の色が違う。ニオイタチツボスミレのほうが濃く、やや濃紫色、また花の中心部が白く抜けている。花弁も円みを帯びており、花弁の重なりがタチツボスミレより多い。また、花柄にはビロード状の毛が生えているので、これを確認すれば、まずまちがわない。ケタチツボスミレというのがあって、花柄に細かい毛があるものがあるが、こちらは花の色が薄く淡紫色であること、葉の先端がとがっていることで見分けられる。生育場所も違い、ケタチツボスミレは、少し高い山の草地や林縁に生えていることが多い。花数はタチツボスミレより少なく、葉の色は草色がかった緑色で、明るい。北海道の南部から九州まで分布しており、日本特産のスミレである。花期は場所によって違うが、東京近辺では四月十日前後に咲く。

32

エゾノタチツボスミレ

✣

蝦夷の立坪菫

Viola acuminata

北海道・本州

20〜40㎝

4月下旬–6月中旬

渓谷を淡紫色に染めて立ちあがる

関東では、阪神タイガースの試合を中継しているテレビ局が少ない。虎キチの家内と次女が私にしつこく文句をぶつけてくるが、放送局へ言えと冷たくあしらっている。先日、大阪梅田の阪神百貨店へタイガースグッズを買いにいった。なぜか、関西では「デパート」というより「百貨店」のほうが通りがよい。多くの売り場は閑散としていたが、タイガースグッズの売り場だけは満員で活気があり、レジの前にはロープが張られ、長い列ができていた。スミレのグッズもいろいろある。見つけたときにはすぐに購入していたが、最近は控えている。収納場所がないためだ。かつて、欲しいと思ったが、高くて手が出なかったものがある。スミレの絵を配したワイングラス。いまだったら無理してでも買うのだが、当時はまだ教育費や家のローンなどなどがあり、まったく余裕がなかった。

さっそく買った阪神タイガースの帽子をかぶって、親しい友人の推薦する長野県蓼科の横谷渓谷へ行った。行きには気がつかなかったが、帰り道に、エゾノタチツボスミレの大きな群落を見つけた。一畳の広さに、少し紫がかった花をつけた、四〇㎝ほどの高さのものが百株ほどあり、みごとだった。脇には白色のものも数株あった。

エゾノタチツボスミレは中部地方以北、北海道にかけて多く分布している。伊豆半島、滋

32

エゾノタチツボスミレ

賀県の伊吹山、岡山県の黒岩高原にも飛んで生育しているという。林や草原、山道などで、半日陰から日の照る場所と、幅広く環境に適応している。茎や葉には短毛が密生し、葉には両面に短毛が生えている。よく似たタチツボスミレの大半のものには毛がない。また、タチツボスミレと違い、根元が木質化し、数本の茎が立ちあがっている。決定的な違いは、花弁の側弁に毛があることで、タチツボスミレにはない。花の色は淡紫色と白色のものがあるが、私の記録では、三つ峠近辺には白色が、野辺山には淡紫色が多い。

花柱上部も、タチツボスミレの棍棒状と違って、先がふくらみ、頭のところに細かい突起物がある。また、距の下側にへこんだ筋がある。下部の葉は小さく、上部の葉のほうが大きい。とくに上部の葉の先はとがっており、ニオイタチツボスミレの葉に似るところもある。種形容語のacuminataも「先が長くとがった」という意味だ。スミレ類は夏場になると極端に姿を変えるものがあるが、本種は花期と夏場との姿がほとんど変わらない。花のかたちが犬の顔に似ていることから、別名イヌスミレともいう。

スミレ観察会で阪神タイガースの帽子をかぶっていても、ほとんどの人は気にとめない。声をかけてきたのはスポーツ店の店員だけ。タイガースファンだという。東京でも帽子は手に入らないと残念がっていた。いずれにせよ、阪神タイガースが勝っているあいだは、わが家も平和である。

菫摘みにと来しワケは

万葉集には、スミレを詠んだ歌が四首収められている。そのうち三首は短歌で、残り一種は長歌である。

よく知られているのは、山部赤人の「春の野に菫摘みにと来し我そ野をなつかしみ一夜寝にける」（巻八―一四二四）だろう。

当初、私はこの歌を文字どおりに解釈し、どうして大の男がスミレを摘みにきて、まだ寒いのに野宿などしたのだろう、不自然な歌だなと思っていた。そのうち、この歌も相聞歌の類ではないかと考え、スミレを乙女や熟女におきかえると、意味が伝わってきて、これだと得心した。だが、ある本に、山部赤人はくそまじめな人だったと書かれているのを読み、スミレを女性におきかえて解釈するのも違うなと思いなおした。

あるとき、新聞に、スミレには血圧を下げる成分があるという記事を見つけた。その後、手に入れた木下武司著『万葉植物文化誌』にも同じようなことが書かれていて、スミレは薬草として摘まれていたのだろうとあった。この本によると、スミレにはルチンという成分があって、血管を強くし、高血圧によいという。また、古代日本の民間薬として、腫れものの解毒に使われていたそうだ。陰干しにして粉にし、葛粉《くずこ》を加え、水のりに混ぜてつくった。煎じて服用したともある。さらに、山部赤人は高血圧で顔が赤く、それで赤人の名がついたのではないかと想像力たくましく書かれていて、なるほどそうなのだと感服した。

ところで、「春の野に菫摘みにと……」と歌われているスミレの種は何か。摘み草にするくらいだから、群生する種類で、どこにでもあるもの。そうすると、タチツボスミレかニョイスミレだと私は思う。湯がいて食すると、タチツボスミレはサクサクとした、カイワレを湯がいたような食感で、ニョイスミレは少しぬめりがある。いずれも、積極的に食べようというおいしさは感じない。

現代では、スミレ摘みをするようなことはまったく聞かない。味も好まれず、薬効もたいしたことはなかったのだろう。

33

ニョイスミレ

如意菫

Viola verecunda

北海道・本州・四国・九州

5〜30㎝

3月中旬–5月下旬

33

ニョイスミレ

食べたくなるが、うまくない

ニョイスミレは別名ツボスミレと呼ばれてきたのだが、牧野富太郎がニョイスミレに改名した。『新牧野日本植物圖鑑』に、「ツボスミレは今まで、この種に使われた名だがもともと庭に生えるスミレの総称であった。またツボを陶器の壺と解釈し、花形が壺に似ているためとするのはよくない。如意スミレは漢名に由来し、ツボスミレの名が不純でまぎらわしいので筆者が命名しなおしたものである。如意とは僧侶が持つ仏具の一つでその形と本種の葉形との類似から来ている」と書かれている。

ニョイスミレはふつうに見られるスミレで、田んぼの畔や河原の土手、山麓や平地の湿ったところを好み、ときには一面に群生することがある。タチツボスミレなどよりも少し遅れて咲きだし、三～五月に白色花をつける。有茎種で、高さ五～三〇cm。葉は心形～三角状腎形、両面とも無毛、ほぼ全縁、草色で、やわらかい。花はタチツボスミレより小さく、径一cmほど、側弁の基部には毛が生えている。白色の小さな花のようすとみずみずしい感じをつかめば、ほかのスミレとまちがうことはないだろう。

みずみずしいので、おひたしにして食べたことがあるが、ぬるぬるしてうまくなかった。いっしょに食したタチツボスミレは、さくさくした食感だったが、また食べようと思える味ではなかった。新潟で旅館に泊まったときに、オオバキスミレの和えものが出たことがある。これはよく味がわからなかった。

こんな話を、雑誌(『趣味の山野草』一九八四年四月号)のスミレ座談会でしたら、名古屋のえらい先生から、スミレのような貴重なものを食べるのはけしからんと叱られた。道ばたや田んぼの縁、丘陵の斜面など、どこにでもあるスミレなのに。先生の著作に、庭にはオオタチツボスミレが咲き……などと、名古屋には生えないスミレがいくつか紹介されていた記憶があり、きっとどこかから採ってきて植えたものだろうに、と思いつつ黙っていたのを、いまでも鮮明に思い出す。

ニョイスミレは、ニョイスミレ類に属し、仲間にタチスミレがある。日本では、ニョイスミレ類はこの二種のみ。ニョイスミレの変種として、高山に生え、茎が倒れて途中から根を出すミヤマツボスミレ、花後の葉がブーメランのようなかたちになり、顎にたとえられるアギスミレと小型のヒメアギスミレ、極端に小さく屋久島の花之江河に分布するコケスミレがある。また品種で、花が淡~濃紅色のものをムラサキコマノツメ、花が純白のものをシラユキスミレという。これらは尾瀬ヶ原でかんたんに見られる。また、葉に白い斑のあるものをマダラツボスミレ、茎が倒れて地を這うものをハイツボスミレという。

34

ノジスミレ

野路菫

Viola yedoensis

本州・四国・九州

4〜8㎝

3月上旬–5月上旬

スミレとよく似た、入門者泣かせ

ノジスミレは、早く咲くスミレのひとつで、アオイスミレ、コスミレのつぎに花をつける。その名のとおり道ばたや畑などの人家近くに生育する人里植物のひとつといえる。種形容語yedoensisがよい。「江戸の(スミレ)」という意味で、日本の植物分類の元祖、牧野富太郎が一九一二(明治四十五)年に名づけている。

ノジスミレは、ちょっと不思議なスミレである。東京近辺では、道ばたとか田畑などに数株が点々と咲く。ところが信州などに行くと、農道の縁が一面のノジスミレ畑となっていることがあり、どこまで行ってもノジスミレなのだ。

ノジスミレとスミレ(種)はよく似ている。スミレに狂いはじめたころは、区別するのに迷いに迷った。初めてはっきりと自信をもって区別できたのは、一九八〇年、LNG京都国際会議の準備で、宝ヶ池の国際会議場に東京から出張で行ったときのことだった。昼休みに会場のまわりを歩いていると、紫色の花を見つけた。スミレとは葉の色、花の色が違うなと、しゃがみこんでよく見ると、葉の表面と縁に、細かい、白くやわらかそうなビロード状の毛があった。スミレと違い、花は中心部が白く抜けている。花の色が少し青みがかっていることにも気づいた。これがノジスミレだ、と叫びたくなった。両種のあきらかな違いがつ

34

ノジスミレ

かめ、その夜のビールはうまかった。自分でも不思議だったが、一種の職人芸に到達したのかもしれないと感無量だった。いまでは、見た瞬間にノジスミレだと判別できる。

植物の特徴を調べて名前を特定することを、専門用語で「同定」という。植物の大きさ、花の色、葉のかたち、葉のつき方、葉の縁が切れこんでいるかいないか、葉に毛があるかないかなど、細部まで観察し、総合的に判断して、名前を特定する。

この同定は、植物標本を保管している植物標本庫のなかですることもある。これがまことに苦痛だった。虫の食害を防ぐため、標本庫は定期的に燻蒸される。その殺虫剤のにおいがすごいのだ。上着など着て入れない。かならずにおいがつき、家に帰ると、家族にいやがられる。ところが、かなりまえから私の嗅覚がまったくなくなり、標本庫が苦痛でなくなった。医者からは、加齢が原因だとひと言ですまされるが、家のなかでガス漏れなどがあったら、どうするのか。孫のオシメのにおいも感じない。対応策がないので困っている。

沖縄などの琉球列島には、ノジスミレの変種で、リュウキュウコスミレというものがある。沖縄ではあちらこちらで見られる。名前にコスミレとついているが、コスミレとのつながりはない。常緑で、葉は冬も枯れない。

35

ツクシスミレ

筑紫菫

Viola diffusa var. glabella

本州・九州・沖縄

3〜10㎝

2月中旬–5月中旬

35

ツクシスミレ

サジ形の葉を広げ、地面を這っていく

九州南部から沖縄に多いツクシスミレを初めて見たのは、一九八〇（昭和五十五）年の沖縄でのことだった。人家の垣根で見た。ツクシスミレを簡単に見られるのは、鹿児島市にある城山で、三月十五日ごろに行けばよい。また、三月末ころになると、磯公園の山へ登る散策路に、たくさんのツクシスミレが咲きだす。しかし、最近は東京近辺でも、ツクシスミレに簡単に出会えるようになった。

関東のツクシスミレを知ったのは、一九八三年。ある人から、「多磨霊園（東京都府中市）で変わったスミレを見つけたので同定してほしい」と依頼があった。見せられたスミレの標本はツクシスミレそのものだった。その後、小石川植物園（東京都文京区）や牧野記念庭園（同練馬区）、神奈川県葉山町の林道、小田原市入生田の石垣など、あちらこちらで見られた。また、広島市の方からも同定依頼があったので、各地にかなり広がっているようだ。中国と台湾に分布があるので、そのあたりから侵入したのか、栽培品が逃げだして増えたのか、いずれにしても帰化植物といってもよさそうだ。橋本保著『日本のスミレ』（一九六七）にも「九州南部に野生がありますが、たいていは人家に近い石垣の間などで、帰化植物のように思えます」とあり、以前からその可能性はいわれていた。

ツクシスミレは高さ三〜一〇cmで、開花しはじめは、茎を伸ばさずバランスよく咲くが、花期が進むと、茎を伸ばして四方に広がり、地面を這いながら、先端に新しい株をつくって広がっていく。そのため、ハイスミレという別名もある。葉が毛深くサジ形をしているので、サジスミレとも呼ばれる。この葉のかたちから、ほかのスミレとの区別はたやすい。また葉の縁には波状の鋸歯がある。花はピンクがかった白色で、中心部が黄色、直径約一cmと小さいが、なかなか美しい。早く咲きだすものもあり、花期は二月〜五月。

スミレ探索はひとり旅が多い。気楽でよいが、心細く、目的のスミレを見いだせないことも多々ある。一方、仲間との旅は、スミレが簡単に見つかることが多いが、日程の調整、待ち合わせ場所や時間の設定など、面倒なこともある。私は、地図を読めない人といわれている。よく道をまちがうのだ。しかし、自分でも感心し、うれしくなったことがある。

鹿児島をひとり旅してこのツクシスミレを求めたのは、私にとって未知の場所だった。図鑑に書かれていた写真の撮影場所「鹿児島県宮之城町」を頼りに、レンタカーで探した。その地区に入り、車を走らせていたら、人家の土手が見えた。ここに生えているのではと感じて、運転席の窓を開けてゆっくり走っていると、すぐにわかった。車を降りて見てみる。あるある、わんさと生えていた。

36

ヒカゲスミレ

日陰菫

Viola yezoensis

北海道・本州・四国・九州

5〜12㎝

4月上旬–5月中旬

どこまでも続く白い花

私の部屋は、本や資料などの荷物で、足の踏み場もない。これまでに何度か部屋を改造して、収納スペースを増やした。自分の書斎はもちろん、妻の部屋、寝室にまで、壁面に書棚をつくった。それですべての本や荷物が収まるつもりでいたが、収まらなかった。いまだにすっきりしない。

扱いにいちばん困っていたのは植物標本であった。あるとき、国立科学博物館の植物講座で、ハギやツリフネソウの講座を何度か受けた。その講師が秋山忍先生だった。おそるおそる、ひきとってもらえないか打診したところ、ふたつ返事で快諾してもらった。それまでの悩みがいっぺんになくなった。

それでも一部の未整理標本が残り、それを処分しようと選別をはじめたら、そのなかからヒカゲスミレの標本が出てきた。なつかしくて、標本をルーペで見た。ヒカゲスミレは毛深いのが特徴だが、なんだか毛が多すぎるように思った。よく見たら、カビだった。こういうものは処分せざるをえない。無駄な殺生をしてしまった。

その後、よくシダを訪ねて全国をいっしょに回り、筑波実験植物園でボランティアをしている、シダ大好きで私をシダの世界に導いてくれた藤本沙由美さんから電話があり、「山田

36

ヒカゲスミレ

さんから秋山先生がひきとった標本をいま整理してリストに入力しているわ」と言われた。私の標本が研究に役立つかもしれないと、飛びあがるほどうれしかった。

ヒカゲスミレは群生する。根の先に子苗をつけるので、どんどん増えていく。どこまで行ってもヒカゲスミレが生えている場所がある。観察会でそういう場所を案内すると、参加者の方々は、その迫力と、白い花が一面に咲く姿に感動してくれる。

たとえば、長野県の八ヶ岳山麓にある稗之底村。ここは昔、村落があり、「稗之底古村址《ひえのそここそんし》」の碑が残っているが、とっくに廃村になっている。サクラソウなどが咲いているが、ジメジメとし、こんなところに人が住んでいたのかと、少し不気味に感じる場所だ。あるとき、同行者のひとりがサクラソウの写真を撮ろうとして、湿地に踏みこんだとたん、足が泥のなかにはまりこんだ。どんどん沈んでいき、ひとりでは脱出できなくなってしまった。何人かで引っぱりだし、脱げた登山靴もとりだせたので、大事にはいたらなかったが、底なし沼のようで恐ろしかった。また、せまい場所なのに、ここではよく道に迷う。最近は別荘が建ちならび、立ち入り禁止場所が増えて、昔のように自由に散策できなくなったが、おもしろいところだった。

ヒカゲスミレの群生地は長野の野辺山にも残っている。一九七五（昭和五十）年前後、野辺山駅で降りてサクラソウの生える車道を歩き、雑木林のなかや草原に入ると、ヒカゲスミレはもちろんのこと、時期は違うが、サクラスミレやフモトスミレがところせましと咲いていた。その後、それらの雑木林は、高原野菜畑に変わってしまった。

ヒカゲスミレにはおもしろい性質がある。関東地方、とくに高尾山近辺のものは、春の花期に、葉の表面が茶褐色を帯びるものが大半だが、花期が終わると、茶褐色が薄れ、夏には緑色になってしまう。これをタカオスミレと呼んでいる。

また、葉が瓢箪《ひょうたん》形をした変種がある。アソヒカゲスミレといい、熊本は阿蘇外輪山の旧・久木野村で、一九六一年に南阿蘇村・清水寺の本田清孝和尚によって発見された。私が和尚にこのスミレを案内してもらったのは、一九七九年四月二十日のこと。笹藪の下に生えていた十数株と、寺の境内に移植されたものを見せてもらった。残念ながら花は終わっていた。七年後の一九八六年、和尚から「明日、花が咲きだす」と電話があり、週末の四月十二日に日帰りで訪ねた。アソヒカゲスミレは咲きはじめで、まだ葉が十分に展開しておらず、特徴である瓢箪形の葉と花をいっしょに撮影できなかった。それから、キスミレを訪ねるついでに何回か立ち寄ったが、アソヒカゲスミレは見当たらず、また和尚も亡くなっていて、消えてしまった原因を聞けなかった。ご子息によると、盗掘にあったとか。残念な話だ。その後、久木野村近くの二か所と八方尾根の山麓でこのスミレを見ている。広島県にもあるという。

37

コケスミレ

苔菫

Viola verecunda
var. yakushimana

九州
1cm内外
5月中旬-7月上旬

ミズゴケに棲む極小のスミレ

五十七歳で役職定年となった。仕事はラインからはずれ、かなりらくになり、休みやすくなった。これを機に、新たなスミレを求めて旅に出たくなった。まず頭に浮かんだのは、屋久島である。大学時代、生物同好会のあこがれの先輩からスミレを採ってくるように言われ、それをきっかけにスミレに狂うことになった原点――その屋久島へ、コケスミレを求めて旅立った。ＹＳ－11に搭乗し、屋久島空港へ着陸したときは、うれしさで体が震えた。

離陸前の鹿児島空港で、「屋久島は天候が悪く、強風のため、もどることがあります」とアナウンスがあり、少し不安になっていたが、じつに穏やか。屋久島は、三十八年ぶりに訪ねた私をやさしく迎えてくれた。遅れてくる同行者を待つあいだ、レンターカーを借りて近くの海岸林を眺め、再会を噛みしめていた。

コケスミレのある花之江河は、つぎの日に訪ねた。快晴だった。「ひさしぶりに晴れた。あなた方はじつに運がよい」とホテルの人に言われ、うれしくなった。喜びのあまりタイムスリップしてしまい、若かりしころの体力をもとに計画を組んでしまった。淀川小屋から登りはじめ、予定より二時間遅れで到着。精根つきはてた。そのうえ、花之江河はまだ早春、ミズゴケが茶色で青々していない。早すぎたと、座りこんでしまった。同行者のひとりは「どこかにあるわよ」と楽天的だったが。結局、花のついたのは五株だった。夢中で写真を撮った。木道に寝転び、無理な姿勢でシャッターを押しつづけた。両足の太ももに痙攣が生じ、猛烈に痛かったが、コケスミレが逃げていきそうなので、痛がるのはあとにした。十五年ぶりに、新しいスミレをアルバムに追加できた。

コケスミレは屋久島の花之江河のミズゴケ内にしか生育していない。湿ったところにはどこにでもあるニョイスミレの変種だが、コケスミレは極端に小型のスミレで、高さは一㎝あるかないか。ななめ横に茎を短く伸ばし、地に這うようにして生えている。葉の長さは五㎜～一㎝のあいだ、縁には四～八個の鋸歯がある。葉は厚ぼったく、光沢があり、光線の状態ではてかてか光って見える。花は白色に紫条があり、ニョイスミレの花によく似ているが、はるかに小さい。花弁もいくぶん肉質、径は一㎝もない。寝転んで、花のなかをルーペで見ていた同行者が側弁に毛のないものを見つけた。いちおう側弁にはわずかに毛があることになっている。花期は六月中旬から七月中旬と記載されたものが多い。五月中旬と書いてある資料もあり、この年はそれを信じて訪ねたが、六月が最盛期のようだ。

その後、何度か訪ねた。二〇一八年五月三十日は、ミズゴケのなかに点々と満開の白い花があふれていた。群生している光景を写真に撮ったが、失敗作だった。また行かなければならなくなった。

38

ヤクシマスミレ

屋久島菫

Viola iwagawae

九州・琉球

3～7cm

2月中旬–3月下旬

38

ヤクシマスミレ

屋久島に来たら会わずにおれない

ヤクシマスミレとコケスミレを目的に屋久島を訪ねた。昔は国産のYS‐11だった飛行機は、フランスのATRが製造するターボプロップ機になっていた。屋久島は、豪雨や強風で航空便が欠航することがあり、そのときの疲労感はなんともいえない。さっそくつぎの日の便の予約をして、宿を手配することになるが、不安でいっぱいになる。

ヤクシマスミレについて、驚いたことがあった。花之江河からの帰り道、十人ほどを案内しているガイドさんに、ヤクシマスミレの生えている場所を聞いた。すると、「屋久島にはヤクシマスミレはありません、屋久島では常識です」との返事であった。びっくりして、そんなことはない、ヤクシマスミレは自生していると言っても、ガンとして「ない」と主張する。花之江河からの道にはなかったが、つぎの日に白谷雲水峡へ行ったところ、駐車場のすぐそばの崖の縁にたくさんあった。不思議なことに、その駐車場で、昨日のガイドさんにばったり出会った。さっそく彼をそこに連れていって、屋久島にヤクシマスミレがあることを納得してもらった。

ヤクシマスミレは屋久島だけでなく、奄美大島、徳之島、沖縄に分布する。沖縄には少ないが、奄美大島には多い。奄美大島の最高峰、湯湾岳の頂上付近には群生している。

ヤクシマスミレは小さなスミレで、高さが三〜七cm。葉は三角形から卵状で、長さ〇・五〜一・五cm、冬でも枯れない。花期は二〜三月で、径一cmほどの白色の花をつける。花は、葉とほぼ同じか、それより大きい。群生するので、花期は豪華に咲き、一見の価値あるスミレである。

屋久島には、ヤクシマヒメミヤマスミレというスミレが多く、高地に行くと、どこにでも見られる。これをヤクシマスミレと見まちがう人もいるので、注意が必要だ。

屋久島には五月中旬に来ることが多い。学生時代の生物同好会の合宿で七月中旬に行ったことはあるが、八月には行ったことがない。ぜひ真夏の屋久島を訪ねたいと思うが、暑さが厳しく、たくさんの観光客で、ホテルを予約するのも難しいだろう。学生時代、安房の川で泳いでいたら、日焼けで背中に水ぶくれができ、キスリングを担ぐのがたいへんだったことを思い出す。

スミレを訪ねる
おすすめスポット❶

✣藻岩山（北海道）
山道沿いでは、ミヤマスミレの群落が楽しめる。アイヌタチツボスミレやオオタチツボスミレにも会える。スミレ観察には5月20日前後がよい。小林峠から登る道はとくに植物が豊富で、種々の春の花が楽しめる、おすすめのコースである。

✣大雪山（北海道）
ロープウェーとリフトを使って比較的簡単に登れる黒岳がおすすめ。山道にジンヨウキスミレが見られる。銀泉台から赤岳へ行くコースの、駒草平に出るまえのブッシュのなかでも見られる。見ごろは7月10日前後。

✣アポイ岳（北海道）
蛇紋岩の山として、特異な植物が多くあることで有名。蛇紋岩に適応したエゾキスミレやアポイタチツボスミレなどが見られる。登りにさしかかるまえにはフイリミヤマスミレがある。5月20日前後が見ごろである。

✣鹿狼山《かろうさん》（福島県）
福島にある山で、マキノスミレ、アケボノスミレ、アカネスミレなどが見られる。

✣柿崎海岸（新潟県）
イソスミレが群生している。アナマスミレもあり、4月末ごろがよい。この2種は石川県の塩屋海岸にもあり、こちらの見ごろは4月中旬である。

✣雪国植物園（新潟県）
入り口付近では、スミレやヒメスミレ、園内では、オオバキスミレ、ナガハシスミレ、マキノスミレ、スミレサイシン、オオタチツボスミレなど、日本海側のスミレの大半が見られる。時期は4月20日ごろがいちばんよい。

スミレに会う

✣生息場所の探し方

スミレの旅を計画するのは、じつに楽しい。会いたいスミレが決まったら、場所の選定をする。どのような方法で行くか、宿はどこにするか、どのへんにあるか、はたして咲いているか……、想像をふくらましているときが、いちばん胸が踊る。

スミレの生育場所を知るのは、スミレに夢中になっている人に聞くのが、もっとも手っとり早くて確実である。しかし、これはちょっと気が引ける。その場所は、その人がやっと見つけた秘密の場所かもしれない。あるいは、他人には明かさないことを条件にスミレ仲間から聞きだした場所かもしれない。ついつい聞くのを遠慮してしまう。

それではどうするか。インターネットがけっこう参考になる。最近は自生地の保護のため、情報が少なくなったが、ブログなどに生育場所が細かく書かれていることがある。私は、インターネットがない時代からスミレを追いかけていたので、これらの恩恵にはほぼあずかっていないが、いまはスミレの分布域の変化などを確認するときや原稿をまとめるときに利用している。

私の情報源は、スミレ関係の書籍と図鑑だった。図鑑には、写真の撮影場所と撮影日時が出ているものが多い。それらを参考にするのだ。スミレ探しをはじめたころは、奥山春季著『原色日本野外植物図譜』を利用していた。全七巻あり、図版は写真で、撮影場所と日時が細かく記され、分布図もあった。橋本保著『日本のスミレ』の「スミレの旅ところどころ」もよく使った。また、日本スミレ同好会の会誌『すみれニュース』にはスミレ探索記があったので、かなり役に立った。いまは、大橋広好ほか編『改訂新版　日本の野生植物』、いがりまさし著『増補改訂　日本のスミレ』などを参考にしている。

　だいたいの場所がわかったら、図鑑をよく読みこんで、どういうところに生育しているかを見る。高山、高原、里山、野原、路傍、林縁、斜面、湿地……、それらの情報をもとに、あとは勘で探すのだ。なかなか見つからないこともあるが、一発で会いたいスミレに出会えたときのシテヤッタリ感は、なんとも言えない。

　現地で探していると、ときどき同好の士に出会い、教えてくれることがある。とくに、遠くから来たとわかると、よく教えてくれる。しかし、時間はかかっても、自分で探すことをオススメしたい。自分で探したほうが気楽で、スリルがあり、ワクワク感がある。目的のスミレを自分の力で探しだせたときの喜びは格別だ。

　貴重種については、そのスミレを保護する意味からも、情報を広めないほうがよい。大半のスミレの栽培はまず不可能だと私は考えているが、残念ながら、栽培のために採集する人がいる。

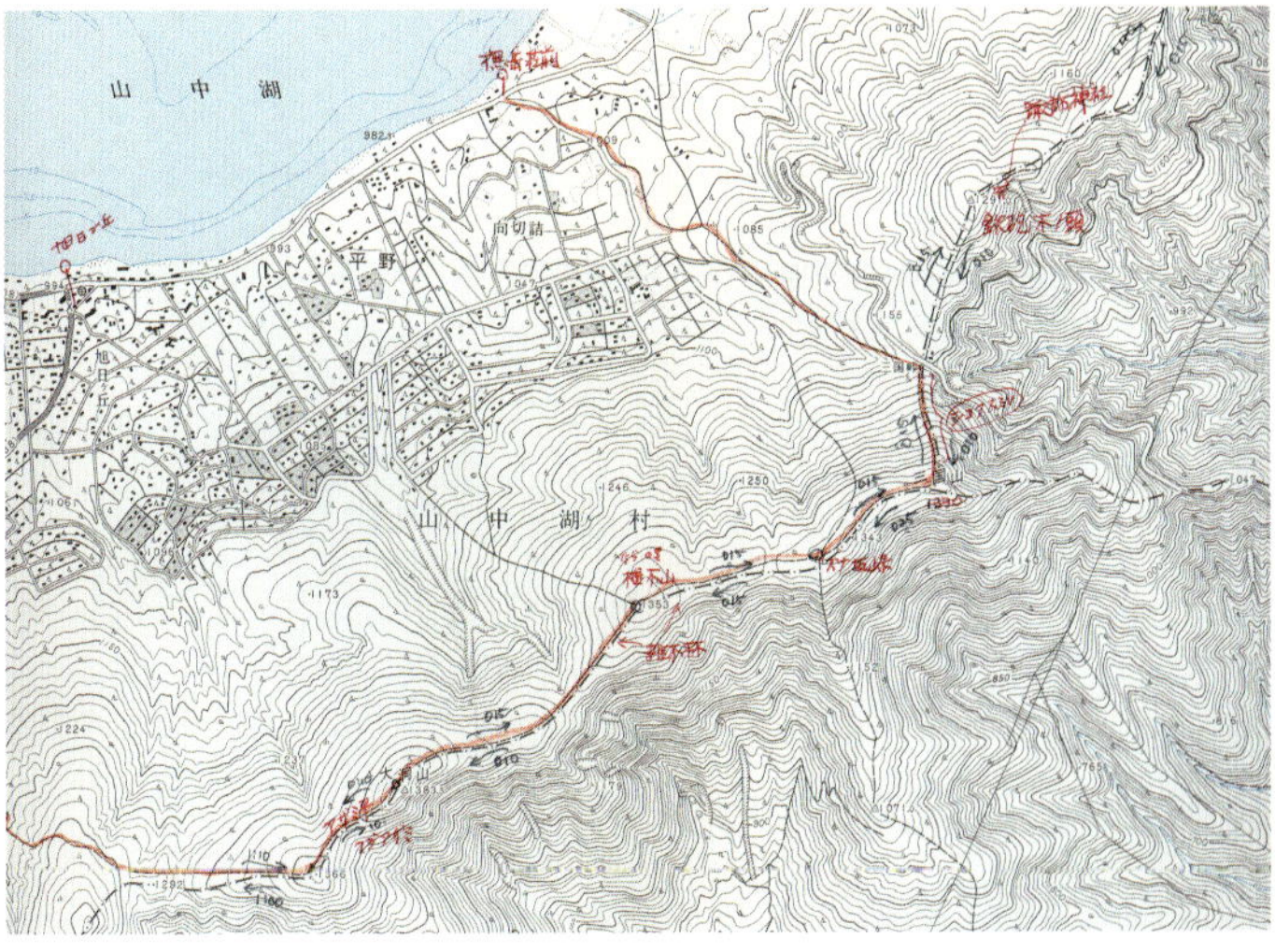

アナログ時代に使っていた、スミレへの道順が書きこまれた地図。

✣登山としてのスミレ探し

スミレのいくつかの種は、高山に生育しており、これらに出会うには山に登らなければならない。たとえば、スミレ狂あこがれのシレトコスミレは、羅臼岳の先の硫黄山に生えている。ここへ行くには、テントを持参し、いくつかの雪渓を横断する厳しい登山となる。（写真1）

シレトコスミレは難関だが、高山のスミレでも、ほとんどは登山道が整備された道沿いで見られる。ルートをはずれて観察しなければならないというようなものはない。ただし、何が起こるかわからないのが山、体力も装備も万全にしたい。

スミレが目的の登山では、ハイキングのコースタイムの一・五倍〜二倍は時間を見ておく。私の場合、意中のスミレに出会って、写真を撮りはじめると、三十分くらいすぐ経ってしまう。そのスミレ以外にも、花が咲いているものや種名がわからないものに出くわすと、かたっぱしから撮っていく。気がついたら夕方近くになっていて、あわてて撮影を切り上げ、山小屋に駆けこむことがたびたびある。

✣開花の予想方法

開花の予想をするのは難しい。年によって一週間くらい、いやそれ以上に違うことがある。ソメイヨシノの開花時期と平地のスミレ開花時期はほぼ一致する。ソメイヨシノの開花時期を参考にしながら、図鑑などの写真撮影日時をもとに推定するしかない。スミレは南から北に向かって開花が進んでいく。いちばん早いのは、沖縄など南西諸島に分布しているリュウキュウコスミレなどで、十二月ごろから咲きだし、四月ごろまで咲いている。高山のスミレは七月ごろになる。その年の降雪状態によっても大きく違ってくるので、だめだったときにはつぎの年に期待をかけることになる。来年の楽しみが増えたと思えばよい。

✣どういうところに咲いているか

スミレは、極端に言うと、人とのかかわりあいが強い植物だと思う。道端とか、家の近く、登山道沿いなど、人の手が加わったところに多い。また、スミレにはあるていどの日照が必要なので、薄暗いところより、明るい林道沿いなどによく見られる。春は陽の当たる場所、夏は草が茂って日陰になるようなところに咲いている。（写真2）

場所や地域によって、ずいぶんと違う。そこで、各地の植物リストがたいへん役に立つ。

たとえば、釧路にある霧多布湿原の『霧多布湿原生きものリスト二〇一八』を見ると、シロスミレの名前がある。ここにはセンターがあり、尋ねれば、シロスミレの生えているだいたいの場所を教えてくれる。とくに国立公園のビジターセンターなどでは、親切にくわしく教えてくれる。また、インターネットでも、特定のスミレの生えているおおよその場所の情報を得ることができる。

こういったものを利用して、自分で探しだす醍醐味を味わってみるのもおもしろい。

1｜シレトコスミレを訪ねた硫黄山。

2｜道端のコンクリート、空地、草むら……、同じスミレでも咲く場所はさまざま。

折鶴菫 ✣ オリヅルスミレ

照葉立坪菫 ✣ テリハタチツボスミレ

蔓立坪菫 ✣ ツルタチツボスミレ

八重山菫 ✣ ヤエヤマスミレ

千島薄葉菫 ✣ チシマウスバスミレ

アイヌ立坪菫 ✣ アイヌタチツボスミレ

蓼菫 ✣ タデスミレ

姫深山菫 ✣ ヒメミヤマスミレ

薄葉菫 ✣ ウスバスミレ

III

スミレに焦《じ》れる

——会えるのか、会えぬのか

鳥海山のテリハタチツボスミレは、
葉だけしかまだ見ていない。
花期にどのような姿をしているのか、
花は白色か、それとも淡紫色か……。
——テリハタチツボスミレ

北アルプスの白馬の葱平で会えず、
大雪渓を通るたびに探したが、見つからなかった。
その後、北海道の藻岩山にあると聞き、訪ねた。
二回空振りし、三回目でついに探しあてた。
——アイヌタチツボスミレ

再訪した四年後、探しに探して会えた。
写真を撮りはじめると、雨が降ってきた。
あわてて傘をさし、葉についた水滴は
そっとちり紙で吸いとって、
なんとか写真に収めた。——ヒメミヤマスミレ

39

オリヅルスミレ

折鶴菫
Viola stoloniflora

琉球
3〜6㎝
2月中旬–4月下旬

ダムの底に消えた沖縄のスミレ

オリヅルスミレに初めて出会ったのは、一九八四（昭和五十九）年、一泊二日の短い探索旅行で沖縄を訪ねたときだった。沖縄のスミレを案内してもらった地元の高校の先生、豊見山さんのお宅にお邪魔したさい、「変わったスミレが見つかった。いま、いろいろ調べているが、名前を知りませんか」と、鉢植えされたスミレを紹介された。コミヤマスミレの小型品に似ていると感じたが、はっきりした太い匍匐茎が出ており、新種かもしれないなどと、無責任なことを言ったのを覚えている。このスミレの名前が正式に発表される四年もまえのことだった。写真だけ撮らせてもらい、帰路についた。

オリヅルスミレは、一九八八年に新種として正式に発表され、現在、環境省のレッドブックでは野生絶滅種とされている。この鉢植えの写真を撮るときに、マッチ棒を添えて大きさがわかるようにした。株の大きさはマッチ棒の半分くらい。正式な発表前に撮影したこのスライドフィルムは、じつに貴重なものとなった。

オリヅルスミレは、這って伸びていく匍匐茎を出し、その先に子株をつけて増えていく。その子株がぶらさがった姿が折り鶴に似ていることから名づけられた。

オリヅルスミレの見つかった場所は、いまは辺野喜《べのき》ダムの底となっている。その場所をどうしても見たくて、二〇一〇年に訪ねた。ダムの周囲は柵で覆われ、どのあたりにあったのか、検討もつかなかった。ダムの名前が書かれた看板の写真だけ撮ってきた。

しばらくして、別の場所でも発見されたと聞いた。案内してもよいと言われ、楽しみにしていたが、その後、そのスミレの形態がオリヅルスミレと少し違い、新種かもしれない、発表前なので案内できなくなった、と連絡があった。

筑波実験植物園の橋本保先生の温室で栽培されているオリヅルスミレも、何回か見せてもらった。たまたま二月に植物園を訪問したとき、初めて花をつけているのを観察した。株が小さいわりには大きな花で、弁は細く、唇弁には赤い条がある。なかなかよい花だった。橋本先生から「入手当初はミズゴケ栽培していた。湿度の高い温室に置いたが、栽培はなかなか難しい」と聞いていたが、その後、環境を変え、筑波実験植物園のサバンナ温室に移したら、よく育つようになったとのこと。このスミレの増殖は、広島市の植物公園の冷温室や大船フラワーセンター、新宿御苑など各地でおこなわれており、現地付近に一部もどしたという話も聞く。また、一九九四年、沖縄北部で葉や花序が無毛のタイプが見つかり、テリハオリヅルスミレと名がついた。そのスミレも台風で流されたとか。まことに残念な話だ。

40

テリハタチツボスミレ

照葉立坪菫

Viola faurieana

本州

3〜15㎝

4月上旬–5月上旬

鳥海山の群落に会いたくて

かつて私のスミレのフィールドのひとつだった、新潟の旧・荒川町蔵王の金峰神社あたりから蔵王権現に向かってての林道沿いや高坪山の山道沿いの雑木林の縁には、テリハタチツボスミレがたくさん生えていた。ゴールデンウィークの直前が花期で、マキノスミレやナガハシスミレ、オオバキスミレなどといっしょに楽しめた。最近は個体数が減り、この地では、このスミレだけ花期が十日ほど早まり、四月二十日ごろに咲くようになった。ただ、早まったおかげで、いつもは終わっていたスミレサイシンの花をいっしょに楽しめるようになった。問題は、林道の何か所かにある「熊出現、危険」という立て札。おっかなびっくりでカメラをかまえている。

テリハタチツボスミレは、名のとおり葉につやがある。日本海側のスミレで、青森県から福井県にかけて分布している。鳥海山の登山口には群生していて、花期に訪ねようと考えているが、まだ実行できていない。

まだ、三十代前半のころ、日本植物友の会の行事で鳥海山に登った。七月のことで、八合目の登山口にテリハタチツボスミレの葉を見つけ、興奮して参加者に話したのを覚えている。参加者のなかに、当時七十代の女性がいて、登りだしてしばらくして調子が悪くなった。講

40

テリハタチツボスミレ

師だった飯泉優先生と交替で、その女性を背負って登った。はじめはずいぶんと軽く感じたが、夜行列車による移動の疲れが出たのか、十分もたつとズッシリとこたえてくる。十五分で交替しながら、途中の山小屋までたどり着き、そこで泊まることになった。頂上小屋まで行く予定だった。隣の方のいびきがすごくて一睡もできなかったが、残りの行程をこなすため、夜中の二時に小屋を出発した。いちばん若かった私は斥候役を仰せつかり、懐中電灯の灯をたよりに雪渓や岩場を駆けのぼっていった。「ここは道ではない、迂回してくださーい」と大きな声で合図しながら、走りまわった。やっと頂上に着いたときは夜が明けかけていた。朝焼けに浮かぶ白花のチョウカイフスマと、風になびくイワブクロの夜露に濡れた花に、いたく感動した。

鳥海山の八合目付近にはテリハタチツボスミレが群生している。残念ながら、花期には行ったことがなく、ここのテリハタチツボスミレは葉だけしか見ていない。撮影計画には入れているのだが。鳥海山のテリハタチツボスミレは、新潟で見るものより葉が小さい。花期にどのような姿をしているのか、花は白色か、それとも淡紫色か、これからの楽しみにとってある。

41

ツルタチツボスミレ

蔓立坪菫

Viola grypoceras var. rhizomata

本州

5〜8㎝

5月上旬–5月下旬

41

ツルタチツボスミレ

三国山を繊細な花で飾る

ツルタチツボスミレは、伸びた茎の先に新株をつけて広がっていくさまがクモの巣のようなので、クモノススミレの別名がある。福井の三国山でわりと簡単に見られていたが、最近は台風による被害で、車で入ることができなくなっているようだ。

三国山には、一九八〇（昭和五十五）年五月一日に福井側から登っている。ツルタチツボスミレは、登山口から少し入った落葉樹の下、かなり湿ったところに群生し、ちょうど満開だった。いつか再会したいと考えてはいたが、不便なところで、二〇〇一年五月一日――前回と同じく私の誕生日――に、ようやく訪ねることができた。妻の両親の介護の帰りに、妻とふたりで寄った。その場所はすぐ思い出すことができたが、環境は変わっていた。チシマザサが入りこみ、そのなかにツルタチツボスミレが生えているという状態で、このままではチシマザサに負けてしまうのではないかと心配になった。前回と同じ日だったが、この年は寒かったのか、まだかたい蕾の姿で、場所だけの確認に終わった。

その後、二〇〇四年の五月八日にひとりで訪ねたときは、ちょうど満開だった。たった一週間のずれでずいぶん違うものだと思った。

ツルタチツボスミレをめぐっては、テリハタチツボスミレやタチツボスミレの変種とする見解と、独立種とする見解があるが、葉や花のかたちが両種と違うので、私は独立種説に従っている。

ツルタチツボスミレの花は繊細で、花弁は細く、ごく淡い紫色をしており、下弁の付け根に紫条がある。ツルタチツボスミレは、テリハタチツボスミレより高いところに生え、鳥海山から岡山県にかけて分布し、とくに福井県に多い。福井在住のスミレ研究家の白崎重雄さんが県内の山をくまなく探索され、分布状況を細かく調べている。

佐渡であった日本植物分類学会の観察会でのこと。新潟大学の演習林で、ツルタチツボスミレによく似たスミレを採集した。いっしょに歩いていた研究者は、ツルタチツボスミレでまちがいないと主張したが、葉のつやが強すぎる。テリハタチツボスミレではないかと思った。確認のため鉢植えしていたら、咲いた花はナガハシスミレで、ツルタチツボスミレでもテリハタチツボスミレでもなかった。葉だけではわからないことがある。

また、三国山へ行きたい。峠までの道が崩れて車が通れないというので、反対側のマキノ高原から登る方法を考えているが、体力的に一日で到達できるかが心配な歳となってしまった。来年こそは訪ねようと先延ばしにしているうちに、そういうスミレが多くなってきた。はたして実現できるのだろうか。

42

ヤエヤマスミレ

八重山菫

Viola tashiroi

琉球

3〜7㎝

2月上旬–3月下旬

なぜか花盛りに出会えない

ヤエヤマスミレは、その名のとおり、八重山列島の西表島の渓流沿いに分布する。生育場所がわかりやすいので、比較的簡単に見られる。ただ、注意をしなければならないのは、ハブと転倒だ。このスミレは西表島の渓流の岩の割れ目に生えている。まわりの岩には、清水の流れに沿ってコケが生えており、その上を踏むと、よく滑る。とくに雨が降っていると、滑る箇所の見分けがつかず、一日に二度も滑って転んでしまったことがある。幸いなことに打撲だけで、大きなけがはしなかったが、カメラをダメにしてしまった。

見つけるのはわりと容易だが、ヤエヤマスミレの花盛りに出会うのはなかなか難しい。二〜三月の花期にあわせて、いままで何度も行ったわりに、自慢できるような満開のヤエヤマスミレは撮れていない。

高さは三〜七㎝、特徴のある菱形の葉をつけるので、すぐわかる。葉はロゼット状で、明るい緑色。少し厚みがあって、縁には丸みを帯びた鋸歯があり、両面無毛。花は白色で、花弁は細く、花弁と花弁のあいだが空いている。唇弁はほかの花弁より少し短く、赤身を帯びた紫条が目立つ。側弁の基部は有毛。距は少し淡い緑色を帯びる。花柱上部は、餌を求めて上を向いている毛の生えていない雛の頭のかたちに似ている。種子で増えるだけでなく、地

42

ヤエヤマスミレ

下茎を出し、その途中に新株をつくって増えるので、群生することが多い。

ヤエヤマスミレは、牧野富太郎によって一九〇七（明治四十）年に発表され、種形容語tashiroiは発見者の田代安定の名前を記念してつけられている。和名は産地の八重山諸島に由来する。

ヤエヤマスミレの仲間には、葉に斑の入ったフイリヤエヤマスミレがある。また、葉の基部が心形になったものは品種とされ、イリオモテスミレの名がついている。イリオモテスミレは西表島の渓流のひとつで見られ、二〇一九年三月四日にカメラに収めることができた。

また、石垣島の渓流には、葉が菱形ではなく、三角形で基部が切形になったものがあり、変種とされ、イシガキスミレと呼ばれている。西表島にもあることになっているが、そこの自生地は知らない。石垣島の自生地には、いずれも案内つきで、二〇〇六年、二〇〇九年と二度訪ねた。二〇一七年にも行こうとしたが、豪雨で渓流を渡れず、くやしい思いのなか、入り口でひき返した。ほかにも生育しているところがあるようだが、私は一か所しか知らない。

これらのスミレは、形態が連続しているようなところがあり、区別が難しい個体がある。

43

チシマウスバスミレ

千島薄葉菫

Viola hultenii

北海道・本州

5〜8cm

5月中旬–7月上旬

43

チシマウスバスミレ

湿原にひっそりと生えている

スミレの写真の整理をしていると、よくぞこれだけ撮ったものだと、われながらあきれてしまう。デジタルカメラより、昔撮ったスライド写真のほうがはるかにきれいだ。色調はもちろんのこと、やわらかく自然な色が出ている。中判カメラで撮ったものはさらによく、もう使わないだろうとカメラやレンズ類を処分したことを後悔している。

拙著『スミレハンドブック』に載せるためのチシマウスバスミレの写真が古いので、二〇〇八年の六月初めに福島の駒止湿原に行こうとしたが、仕事の関係で行けなかった。二週間後に、夜行日帰りバスで尾瀬へ向かった。ずいぶん昔にまちがいなく写真に撮っているのだが、このときは見つからなかった。ビジターセンターの人に生育場所を聞いても、尾瀬ヶ原にはチシマウスバスミレはないという。いま持っている写真は尾瀬ヶ原、駒止湿原、横根山（栃木県）とカヤの平（長野県）のもので、たしかに尾瀬でも私はチシマウスバスミレを撮っている。

このスミレは、湿原のミズゴケのなかとか木道の縁などに生える。ともかく小さなスミレで、ほかの植物に混じって下のほうで咲いていることもあり、写真がうまく撮れない。しかも、梅雨どきの六月初めから中旬ごろが盛りで、雨のなか、カメラを濡らさないように傘をさしながら、木道に寝転がって撮らなければならない。こんな格好をして撮っていたら、通行のじゃまだと叱られてしまう。

チシマウスバスミレはウスバスミレにそっくりだが、決定的な違いは、生えている場所と、葉に毛があるかないか、地下茎で増えるかどうか。チシマウスバスミレは湿原に生え、葉に毛があり、地下茎で増えていく。ウスバスミレは本州では亜高山帯の苔むす岩上に生える。花弁はウスバスミレのように丸みを帯びない。また、ウスバスミレは側弁の基部が閉じぎみで花柱上部が見えにくいのに対し、チシマウスバスミレは花柱上部の状態がよく見える。

尾瀬のチシマウスバスミレが絶滅してしまったのか気になり、その後、何度か訪ねた。鳩待峠から山の鼻へ下りる途中の湿原に、いくつか生育場所があったことを思い出し、そのひとつは確認できた。しかし、写真を撮ろうにも、人、人、人で、せまい木道では立ちどまれない。しかたなく何回かそこを行き来して、やっとの思いで撮ったが、ろくな写真は撮れなかった。

初めてチシマウスバスミレを見た場所は、日光近くの横根山だった。当時スミレを追っかけていた日光在住の神山隆之先生に連れていってもらった。神山先生は、『原色日本のスミレ』を執筆した浜栄助先生とスミレを訪ねあるいた方で、著書に『アンデスすみれ旅』がある。先生に案内していただいたところは、想像していた環境とはまるで違っていた。湿原と言っていいのか、草原にミズゴケが生えていて、その上を歩く。そんな場所にあった。

44

アイヌタチツボスミレ

アイヌ立坪菫

Viola sacchalinensis

北海道・本州

10〜25㎝

5月上旬–7月中旬

北の山地に通いつめて

アイヌタチツボスミレは、日本では中部地方以北から北海道に分布し、海外では朝鮮半島北部、中国の東北部、サハリン、カムチャッカ半島、ロシア沿岸に分布する北方系のスミレである。北海道では、関東で見るようなタチツボスミレと同様に、あちらこちらにあるかと思っていたが、そうでもなかった。

初めてこのスミレを求めて訪ねたのは、北アルプスの白馬の葱平だったが、残念ながら会えなかった。その後も、大雪渓を通るたびに探したが、見つからなかった。ここは、橋本保著『日本のスミレ』に「東亜温帯の寒冷地に多く、北海道ではそうめずらしくありませんが、本州では青森県からとんで北アルプス白馬岳の大雪渓の上方、葱平に産する以外は筆者は知りません」と記されていたのをたよりに訪ねた。その後、北海道の藻岩山にあると聞き、訪ねた。一回目と二回目は探しだせず、三回目に行ったとき、初日はダメで、つぎの日にコースを変えてもう一度探したところ、やっと見つけた。

スミレ探索は、ネットで調べるのもよいが、最近は保護のために詳細な場所を載せなくなった。盗掘の恐れなどを考えると当然だが、探す側にとっては、残念なことである。しかし、古い文献や本などには、けっこうくわしく書かれているので、それを参考にしていた。たと

44

アイヌタチツボスミレ

えば、奥山春季著『原色日本野外植物図譜』などは、採集場所を記載してあるので、参考になる。種々の資料をもとに自分で探しあてたときの喜びに勝るものはない。

アイヌタチツボスミレは、高さ一〇～二五cmで、見た目はタチツボスミレやオオタチツボスミレとはかなり違う。全体的に繊細に感じる。タチツボスミレやオオタチツボスミレと違い、側弁基部に毛があるので、花が咲いているとすぐにわかる。また、距はやや太くずんぐりしていて、背面に、大橋広好ほか編『改訂新版　日本の野生植物』で「縫合線のような条がある」と表現されているような溝がある。これもタチツボスミレやオオタチツボスミレにはない。花は薄い紫色で、径約二cm、株の背丈にくらべ、花が大きく目立つ。葉は円心形で、表面は明るい緑色、裏面は紫色を帯びるものが多い。

北海道のアポイ岳にはアポイタチツボスミレがあり、蛇紋岩の影響を受け、茎や葉などが紫色を帯びたものがある。全体が小型で、花の色が濃く、葉の裏は紫色を帯びている。五月の中旬に行くと、花盛りに出会える。ただ、降雪や温暖化の影響で花期は早まったりずれたりするので、行くまえに「アポイ岳ジオパークビジターセンター」に問い合わせるとよい。

私は見たことがないが、茎や葉に短毛があるものをイワマタチツボスミレといい、北海道とサハリンに分布するという。

45

タデスミレ

蓼菫

Viola thibaudieri

本州

20〜40㎝

5月中旬–6月上旬

45

タデスミレ

友が案内してくれたあこがれの花

タデスミレは、長野県のごく一部に分布する希少種で、スミレに興味をもつ者なら一度は見たいとあこがれるスミレである。四十年ほどまえは、六月十日前後が花期の最盛期だった。いまは一週間ほど早まっているように感じる。その年の状況で違ってくるので、一概には言えないが、ちょうど利根川の支流に生えるタチスミレと同じ時期だ。

名前は葉のかたちから来ている。とてもスミレとは思えない、タデの葉のような細長い三角形で、まばらに粗く低い鋸歯がある。展開しはじめた葉にはしわが寄っているが、時がたつと平らになる。茎の高さは三〇cmくらいで、二、三本の茎をまっすぐに伸ばして立ちあがり、茎の上部の葉の腋から五〜六cmの花柄を伸ばして白色の花をつける。花弁は細長く、先はとがっている。ほかのスミレとはだいぶようすが違う。

かつて、タデスミレを探しに何度か長野の美ヶ原を訪ねたが、自分では見つけられなかった。そこで、村田俊二さんに案内してもらった。村田さんとの出会いは、たしか高尾山だった。三脚を立ててスミレの写真を熱心に撮っていたので、私が声をかけたのがきっかけだったように記憶している。タデスミレは、村田さんが勤務先の長野支店長をされていたときに、休日を使って訪ねあるき、探しだしたそうだ。カメラが趣味で、新しい機種が発売されると、すぐ購入して評価してくれる。愛機は、アサヒペンタックスとニコン。私はアサヒペンタックス党だったので、その点でも共通話題があった。村田さんの会社の近くにカメラ屋があり、帰りがけに立ち寄ってはつけ買いをしていたらしい。「妻には言えない。どうしよう、今月も小遣いなしだ」と言いながら、楽しそうにスミレ談をしてくれた。いまの私が、新しいカメラやレンズが出ると、すぐ購入してしまうのは、村田さんの影響かもしれない。

タデスミレは絶滅危惧種で、自生地では、ところどころで小群落をつくり、数株から、多いところでは五十株ほどの群落になる。車道のすぐ脇で見られるものもあり、一時期、工事で姿を消したが、いまはまたもどっている。

二〇〇九年から、研究者の集まりである日本植物分類学会——数は少ないが、私のようなアマチュアも参加できる——に出て、小さくなって難しい話を聞いている。そこで知り合った若い研究者に所望され、タデスミレを案内する約束をした。ところが、直前に登ったアポイ岳の帰りに胸が痛くなり、帰宅後の夜中、救急車で運ばれた。検査結果は、心筋梗塞などの重大なものではなく、筋肉痛だろうとのことだった。医師と救急隊員の方々に平謝りで帰宅したが、痛みは同じだ。つぎの日の朝、着替えをしていたら、横腹が真っ赤になっていた。帯状疱疹だった。タデスミレの案内は中止にしてもらったが、そのままになっているのが気になる。

46

ヒメミヤマスミレ

姫深山菫

Viola boissieuana
var. boissieuana

本州・四国・九州

3〜6cm

3月下旬–5月下旬

無理やり咲かせてみたものの

二〇〇二年四月二十五日、ついに念願のヒメミヤマスミレの写真を撮った。もうひとつ、これだと確信できる個体に会えず、探し求めてきたスミレだ。その前年にも計画し、航空機の予約までしたが、急な仕事が入って断念している。それまでも、計画を立てては、直前でとりやめることをくり返し、実現できずにいた。そんななか、二〇〇二年の三月の夜、救急車で運ばれ、高血圧で入院してしまった。思いたったらすぐに実行しないと、いつ何が起こるかわからない。今回は病み上がりだったが、強引に決行した。

ヒメミヤマスミレはフモトスミレとよく似ていて、スミレ研究家の浜栄助先生も同定に迷っておられた。理解するには、本物を見るのがいちばん早い。当時、確実に見られると思われたのは、高知県にある横倉山だった。ここは牧野富太郎博士の若きころのフィールドであり、この地で採集された種々の植物が発表されている。ヨコグラノキとかヨコグラツクバネソウなど数十種あり、ヒメミヤマスミレもそのひとつ。マルバスミレ（ケマルバスミレ）、コミヤマスミレも横倉山で見つかり、ここで採集された標本に基づいて、その学名が正式に発表されている。

横倉山を登りはじめると、ここが牧野富太郎のフィールドだったのだと気持ちが高ぶって

46

ヒメミヤマスミレ

きた。フモトスミレにそっくりで鋸歯の粗い葉のスミレを見つけた。これだと確信をもったが、花の咲いた個体がない。訪ねるのが早かったのだ。開きかけのものがあったので、息を吹きかけ、風圧で無理やりに咲かせた。しかし、花弁が伸びきっておらず、写真にはならない。いちおうヒメミヤマスミレを見た、というだけで終わった。

その四年後に再訪した。このときも訪ねた場所では咲いていなかった。それで「横倉山自然の森博物館」に電話をして問い合わせたら、咲いている場所があるとのこと。その場所を聞き、探しに探してやっと会えた。じつにうれしかった。写真を撮りはじめると、雨が降ってきた。あわてて傘をさし、葉についた水滴はそっとちり紙で吸いとって、なんとか写真に収めた。スミレの撮影にいちばん適さないのは、雨降りのつぎの日。雨で花弁が透きとおってしまい、見てくれが悪くなる。降りはじめで幸いだった。

ヒメミヤマスミレは、西日本から四国、九州に多い。葉は、鋸歯が七対前後と少ないので目立ち、色はやや明るい緑色、またフモトスミレに比して、少し長く、先がややとがりぎみである。フモトスミレの葉は、鋸歯は細かく八〜十対、先は丸みを帯びるものが多く、くすんだ感じの緑色。九州などにもあるが、関東地方に多い。

47

ウスバスミレ

薄葉菫

Viola blandiformis

北海道・本州

5〜8㎝

6月上旬–7月中旬

47

ウスバスミレ

苔むすなかに咲く高嶺の花

丸い葉で苔むす岩の上に白い花をつける高嶺の花、ウスバスミレにあこがれていた。写真に収めたいと思いつつ、なかなか実現できなかった。

結婚した年、一九七三(昭和四十八)年の七月、妻とともに白馬岳を登った。蓮華温泉から白馬大池へ向かう途中にあるシラビソ樹林下に、丸い葉の見慣れないスミレを見つけた。ウスバスミレであることがすぐわかったが、すでに花はつけていなかった。つぎの年に花の写真を撮りにいこうかと思ったが、実現できなかった。その後、何回となく撮影計画を立てるものの、計画倒れで、おあずけの状態になっていた。ウスバスミレは八ヶ岳の麓、渋の湯に行けば確実にあることはわかっていたが、六月にはまだバスの便がなく、タクシー以外に足がないので、なかなか行く決心がつかなかった。

その間に、スミレの友、村田俊二さんと出会った。村田さんはサラリーマンだが、スミレをはじめ植物写真の大家で、雑誌などに写真を提供していた。私よりひと回り近く年上だが、なぜか馬があい、よく植物の撮影にいくようになった。

六月にふたりで八ヶ岳の山麓を訪ねた。もちろん車でしかアクセスの方法はないのだが、私が知っていたのとは別の場所を彼が案内してくれた。車を下りてすぐだった。シラビソが生え、苔むすなか、コミヤマカタバミとともにウスバスミレが花をつけていた。その白い花は高嶺の花らしく清楚で、じつに感じいった。何回もシャッターを切った。当時はフィルムカメラで、写真屋からの請求に飛びあがったが、満足のいく写真が撮れ、この年のスミレの旅では最高の出来だった。

ウスバスミレは、高さ五～八cmほどで、二枚ないし五枚ほどの少し黄緑がかった葉をつけ、一本から四本の花が立つ。花は白色で直径約一cm、葉の高さより上で咲く。おもに中部地方の亜高山帯、八ヶ岳やアルプスの中腹の針葉樹林のコケのなかなどに生育している。小さいので、花が咲いていないとわかりにくい。葉は丸みを帯び、先端は少しとがるが、顕著ではない。葉の両面には毛がまばらにあり、葉は薄く感じられる。それで薄葉菫《うすばすみれ》と呼ばれる。

種形容語のblandiformisは、スミレ属のblanda種とかたちが似た、という意味で、両種はそっくりである。中井猛之進の「すみれ雑記」（『植物学雑誌』一九二二年）には、「ウスバスミレには白色で葉に毛のあるタイプと淡紫色で葉に毛のないタイプとがある。白色で葉に毛があるタイプが基本種で、北米にもあり、アメリカウスバスミレとも呼び、後者をウスバスミレとすべきであろう」と述べられている。日本のウスバスミレは、白色の花で、葉には毛がない。なぜか花の色が記述とあわない。

スミレを訪ねる
おすすめスポット❷

✣高尾山（東京都）
日影沢や小下沢では、タチツボスミレ、ナガバノスミレサイシン、アオイスミレ、エイザンスミレ、ヒナスミレ、アカネスミレ、タカオスミレ、コスミレなど、かなりの数のスミレが観察できる。6号路では、コミヤマスミレやほかのスミレも多い。高尾山はどのコースを歩いても楽しめる。時期は4月10日前後、コミヤマスミレなどは5月20日ごろが花盛りである。

✣菅生沼《すがおぬま》（茨城県）
5月20日ごろになると、ミュージアムパーク茨城県自然博物館がタチスミレの観察会を開催する。これに参加すれば、簡単に観察できる。

✣三つ峠山（山梨県）
母の白滝へのコースにはイブキスミレやアケボノスミレが、達磨石付近やその途中の林道脇にはゲンジスミレが見られる。三つ峠登山口から登ると、多くのヒメスミレサイシンに出会える。花期は5月10日過ぎである。

✣野辺山・清里（長野県）
野辺山の雑木林には、ヒカゲスミレ、ヒナスミレ、エイザンスミレ、アオイスミレ、まれにオクタマスミレ、スワスミレなどが群生している。清里の清泉寮付近では、オトメスミレが一面に生え、アカネスミレやサクラスミレなどがまれに見られる。タチツボスミレやフモトスミレも見られる。

✣蓼科《たてしな》・霧ヶ峰（長野県）
どこへ行ってもスミレが楽しめる。5月の連休に別荘地の散策路を歩くと、エイザンスミレ、マルバスミレ、アカネスミレ、ミヤマスミレなどに会える。6月10日ごろの霧ヶ峰高原には、サクラスミレとシロスミレが咲く。また、6月初めの麦草峠や白駒池では、ウスバスミレが満開である。

目線をあわせて小さなスミレを撮る。

スミレ堪能術3

スミレを撮る

✣なぜ写真を撮るのか

いつでもスミレの花を見たい――その欲求を満たしてくれるのが写真だ。写真に撮ったスミレは、出会ったときの思い出とともに楽しめる。

スミレの写真を撮りはじめたのは、初任給で一眼レフのカメラを買った、つぎの年の春。かなり熱心にスミレを撮りだしたが、名前がわからず、種々の図鑑を見ても、確信がもてない。それで、「Violaceae（スミレ科）」と題したスミレノートをつくって、図鑑や資料から要点を書きだし、覚えはじめた。とにかく、全種類のスミレを撮ろうと思い、全国を回るようになったが、会社を休むわけにはいかないので、当時は最長でも、土曜日出発の夜行日帰りの旅だった。

それから五十五年がたち、これまでに、日本に生育する基本的な種と私が考える六十種は撮りおえ、亜種、変種、品種をふくめ百七十種くらいは集まった。

海外のスミレの写真も撮っている。スミレの原点は南米のアンデス地方であるが、治安が心配で、なかなか行けない。オーストラリアのパースやタスマニア、スイスアルプス、北アメリカ、韓国、台湾、中国、スペインのピレネー山脈、ウラジオストックなどにはスミレを訪ねた。全世界のスミレを対象にするのは手に負えないが、チャンスがあれば、できるだけ行きたいと思っている。

✣どのように撮るのか

スミレ写真には撮った人の個性が出る。その個性を生かせばよいのだが、一般に、芸術作品として撮る方法と、図鑑写真のような撮り方とがある。芸術作品として撮るには、とくにスミレの美しさをきわだたさせるために、背景の処理がより厳密に求められる。バックを少々ぼかして、被写体を浮きあがらせることが肝要である。

図鑑的に撮るには、そのスミレを同定できるよ

沖縄・万座毛で撮影中の著者。

タカネスミレ。作品としての写真（上）と図鑑的な写真。

うに、特徴を撮りこむ必要がある。バックの処理も当然考えるが、どういうところに生えているのかがわかるように、また花や各部の細部がよくわかるように撮るのがよい。とくに、種の同定に必要な箇所、全体の姿、葉や花の横顔、正面のアップなども撮っておく必要がある。

上達するにはとにかく数を撮ることだ。本などに掲載されているお気に入りのスミレ写真をまねて撮るのも練習になる。

しかし、スミレの撮影でいちばん気をつけるべきは、夢中になるあまり、まわりの草花を踏みつけないようにすることだ。

✣何を使って撮るのか

カメラは、コンパクトカメラでもよいが、本格的に撮るのであれば、一眼レフカメラがよい。好きなメーカーのものを使えばよい。私は、若いころから軽さを重視し、ずっとアサヒペンタックスを使いつづけてきた。五十三年間、ペンタックスの一眼レフ初号機からである。しかし、デジカメになってからがたいへんだった。毎年新しい機種が出て、性能がアップするので、買わざるをえず、古いカメラの処分に困った。いまは、だいたい性能も一定の水準に達し、新製品の発売期間が長くなったので、ありがたい。ただ、高性能化とともに、カメラが重くなってきた。愛用のペンタックスK1の重さに耐えられず、最近は少し軽い、オリンパスのミラーレスE−M1Ⅱもよく使うようになった。（写真1）

レンズは、被写体に近づけるマクロレンズを使う。このマクロレンズがあれば、たいていの花はうまく写せる。私は、ペンタックスK1を使うときは、五〇㎜と一〇〇㎜のマクロレンズ、そして二四〜七〇㎜のズームレンズを、オリンパスE−M1Ⅱを使うときは、六〇㎜のマクロレンズと一二〜一〇〇㎜のズームレンズをおもに持ち歩いている。

スミレの写真を撮るときにはローアングルでも撮れる三脚を使うのが鉄則だが、カメラに高機能の手ぶれ防止装置がついていれば、なくてもなんとかなる。手持ちで撮るときはしっかりかまえて、手ぶれを防ぐとともに構図に気をつける。

ローアングルの撮影では、腹這いになるための敷物を携帯するとよい。

機材の雨対策は完全にしておく必要がある。防滴タイプのカメラでも、雨に濡れてしまうと、ダメになってしまう確率が高い。私は、雨のなかでは三脚を使い、傘をさして雨をよけながら撮るようにしている（写真2）。撮影後は、ビニールの袋をカメラにかぶせている。

✣撮った写真の保存方法

撮った写真は整理して、必要なものをすぐにとりだせるようにしておかないと、せっかく撮った写真が死蔵となってしまう。

撮ってきた写真は、パソコンにとりこみ、ピントのあまいものなど不要な写真を削除する。それから、残したすべての写真に名前をつける。とりあえず入れておくのは、日付と撮影場所。パソコンには、選択した写真に一括で同じ名前と通し番号を入れられる機能があるので、簡単だ。

その後、時間のあるときに、植物名などを加えていく。植物名は種名だけにする。検索機能で目的の写真を探すときに科名が入っていると、それもいっしょに検索してしまう。

写真整理を一日で終わらせるには、一日の撮影枚数を三百枚以下に抑えるのがよいと思う。千枚になると、とても一日では整理できない。ていねいに、少ない枚数で撮りたいものだ。

1｜代替わりしながら使いつづける愛機。

2｜雨の阿蘇でのキスミレの撮影。

知床菫 ✣ シレトコスミレ
紫蘇葉黄菫 ✣ シソバキスミレ
腎葉黄菫 ✣ ジンヨウキスミレ
谷間菫 ✣ タニマスミレ
斑切大葉黄菫 ✣ フギレオオバキスミレ
島尻菫 ✣ シマジリスミレ
奄美菫 ✣ アマミスミレ

Ⅳ

スミレに挑む
——冒険のごとく

夕張岳の山頂手前で最後のひと探しを
したときのことである。何か匂ってきた。
あのへんではないかと望遠鏡で探した。
あった。念願の出会いに呆然となり、
手が震えて、よく見えない。——シソバキスミレ

硫黄山の切り立った礫の斜面を歩いていると、
「咲いているよ」と声が聞こえた。
半信半疑で急ぐと、満開のみごとな株が。
思わずバンザイと叫んでしまった。——シレトコスミレ

急な崖をくだり、膝まで水に浸かりながら進むと、
渓流の精霊が宿っていそうな岩の上に、
アマミスミレは生えていた。
踏み荒らす恐れのあるこんな貴重な生息地を
訪ねてはいけないのだ。——アマミスミレ

48

シレトコスミレ

知床菫

Viola kitamiana

北海道

3～8㎝

6月中旬–7月中旬

48

シレトコスミレ

知床の霧に浮かびあがる

シレトコスミレは、スミレを追っかけている者にとってあこがれのスミレである。自生地に行くのがたいへんだからだ。北海道・知床半島の最高峰、羅臼岳の近くに鎮座する標高一五六二mの硫黄山にあり、そこに行くにはテントで一泊しなければならない。しかも高密度でヒグマが生息している。二〇〇三年七月のことである。念願がかない、シレトコスミレに会えた。知床の霧に包まれ、浮かびあがるその姿は、幻想的ですばらしかった。しかし、無謀な挑戦であった。

東京・高尾山のスミレ観察会で、「シレトコスミレを見るのが長年の夢。しかし、ヒグマが怖くてなかなか実現できないでいる」と話したら、女性の参加者が「私、昨年会ってきました」と、いとも簡単そうに言い、シレトコスミレの写真を見せてくれた。

私はすぐに、シレトコスミレを見る登山を企画している旅行会社、アルプスエンタープライズに電話した。ところが、いきなりパンチをくらった。「シレトコスミレは見ますが、本格的な登山ですよ。シュラフ、アイゼンが必要。そのへんの里山を登るのとは違います」となかなか厳しい応対で、受け付けてくれない。「学生時代、ワンダーフォーゲル部にいました。スミレが好きで、シレトコスミレにどうしても会いたい」と熱い胸の内を話し、日本植物友の会の会員であることを伝えたら、「私も会員です。『ビジネスマンの植物ノート』を読んでいます」とのこと。やっと受け付けてくれた。「ビジネスマンの植物ノート」は、当時、私が『植物の友』に連載していたコラムである。提出を求められた参加確認書には「遭難保険の付保が参加絶対条件、事故があっても自己責任」とあり、心配になった。

二〇kg弱の荷物を持ち、宿泊した岩尾別温泉の木下小屋を朝五時半に出発した。出足は順調だったが、二回目の休憩後、急に両足が痙攣した。それからが地獄だった。ガイドのひとりがつきっきりで介抱してくれた。下山も覚悟したが、そこらじゅうにある「ヒグマ注意!」の立て札に恐れをなし、痛い足を引きずって、前へ進んだ。遅れること一時間、みなさんが羅臼岳の頂上をめざしているときに追いついた。もちろん私は頂上をパスし、休憩後、かなりの遅れでテントサイトに向かった。

シレトコスミレに会えたのは、つぎの日の九時、硫黄山山頂の手前だった。しかし、もう花は終わっていた。地面に這うようについている黒褐色の果実を見て、一瞬、頭が真っ白になった。しばらく恐ろしい礫の斜面を歩いていると、「咲いているよ」と声が聞こえた。私を元気づけるためではと、半信半疑で急ぐと、満開のみごとな株が。思わずバンザイを叫んでしまった。

シレトコスミレはタカネスミレに草姿が似ている。しかし、花の色が違う。全体が白色で

48

シレトコスミレ

中心部は鮮やかな黄色。決定的に違うのは花柱上部のかたち。タカネスミレは先がT字形になって張りだしているが、シレトコスミレはタチツボスミレのような棒状でちょっと太め。葉の色も違う。少し黒ずんだ緑色で、先はとがり気味。生息場所は砂礫地。唇弁はタカネスミレのように長くはなく、側弁とほぼ同じ長さ。また、花弁五枚はそれぞれ重なるように開いており、整った花はずっと気品がある。

もっと細かく観察したかったが、五分しか時間をもらえず、そうとう欲求不満のまま、その場を離れた。「堪能しましたか」と聞かれたとき、「ハイ」としか言えなかった。

帰宅後しばらくして届いた、参加者の浅田さんの記録につぎの文章があった。「『ワァー綺麗』、後から来るスミレの先生に声を掛けようとすると、リーダーから『今呼んだら崖から落ちてしまう』と止められた。許しが出て叫ぶと『今まで足を引きずるように歩いていたのに駆け出している』『頬ずりしているのかなあ』。皆がスミレの先生の幸せを共有するほのぼのとした空気に包まれた」。迷惑をかけたのに、私の夢の実現を見守ってくれたやさしい人たちとの出会いに目頭が熱くなった。人との出会いは不思議なもので、このとき、苦しんでいる私を何かとはげましてくれた十一歳年上の榊原眞さんが、私のアルパインツアーの植物講座に偶然、参加された。うれしくて胸がいっぱいになった。

49

シソバキスミレ

紫蘇葉黄菫

Viola yubariana

北海道

4〜10㎝

6月下旬–7月下旬

49

シソバキスミレ

夕張岳の砂礫地で呼んでいる

ついにシソバキスミレの写真を撮ることができた。二〇〇四年七月初旬の北海道は夕張岳、往復十二時間の山行であった。簡単には見つからなかった。ほぼあきらめ、頂上まであと三十分のところから、足どり重く帰路についた。

あきらめきれず、途中でもういちど最後のひと探しをしたときのことである。何か匂ってきた。ちょっと土の色がまわりとは違うところがあった。すこし水気の多い感じのところで砂礫地である。あのへんにあるのではないかと指さし、同行者に望遠鏡で見てもらった。しばらく無言の状態が続いた。突然、「あるある、黄色い花がある」と大歓声。すぐに望遠鏡を借りて見た。あった。しかし手が震えて、よく見えない。呆然となっていた。早く写真を撮っておいでと背中を押されるまで、何もできなかった。

そのまえの年には、知床の硫黄山でシレトコスミレを見てきたが、登山のツアーに潜りこんだこともあって歩くペースが速く、両足痙攣で参加者のみんなに迷惑をかけた。夕張岳も距離が長くたいへんであることを聞いていたので、スミレだけを目的とし、個人ツアーを組んだ。ヒグマが怖くもあったので、北海道専門のガイドを次女の野鳥関係のネットワークで紹介してもらい、依頼した。

シソバキスミレは、夕張岳の崩壊した蛇紋岩からなる砂礫地の少し湿り気のあるところに生えている。以前は夕張岳に行けば、簡単に見られていたようだが、ここ数年、見られなくなっている。それは盗掘が最大の原因。植物も野鳥同様、国や県の天然記念物になっているものを販売や栽培などしたら罪になるようにすればよいのに。

シソバキスミレは地面にへばりついたように生え、葉は厚く、脈の凹凸が目立つ。名のとおり、葉の裏面や脈の一部、あるいは全体に紫色がかり、シソの葉のような色となる。とくに花柄が赤紫色になっているのが目立つ。おおよその姿はオオバキスミレを寸づまりにしたような感じで、タカネスミレなどよりはるかに大きい。花は黄色で側弁には毛が生えている。学名にyubariana（夕張産の）とあるように、夕張岳特産である。かたちはオオバキスミレによく似ているが、葉は少し分厚く、表面には光沢がある。また葉脈がはっきり浮きでている。写真を撮っているときには気づかなかったが、拡大して見ると、茎や葉、花柄には短い毛が密生していた。すでに赤紫色の果実を実らせたものもあったが、とにかくうれしかった。

写真を撮ったあと、みんなでバンザイをした。スミレを訪ねてヒグマに食われても本望という気はまったくないが、とにかくスミレが呼んでいるような気がする。今回のスミレの旅では、同行の方々にひとかたならぬお世話になった。シソバキスミレに会えたのはその方々のおかげだと、ありがたく思っている。

50

ジンヨウキスミレ

✣

腎葉黄菫

Viola alliariifolia

北海道

8〜20㎝

6月上旬–7月下旬

雨の雪渓にたたずむ

二〇〇四年の夏、夕張岳のシソバキスミレを見た帰り、欲ばって大雪山のジンヨウキスミレも訪ねた。夕張から大雪までは遠かった。夕張の町を夕方六時過ぎに出て、大雪の町に着いたのは十一時前であった。同行のだれひとり、ひと言の文句もなく、空腹のなか、よく辛抱した。さすがにみんな疲れ、つぎの日は遅めの出発、銀泉台から登りはじめた。アイゼンを使うほどでもないが、雪渓の雪は多く、滑ったら崖から下の駐車場まで一直線だと案内人に脅かされながら、恐る恐る歩いた。最大の目的のシソバキスミレを見たあとだったので、見つからなくてもまた来ればよいという気持ちで気がらくであった。

一時間ほどしてすぐに、葉だけのジンヨウキスミレを登山道で見つけた。霧雨がいつのまにか本降りとなって歩きにくくなった。いくつかの雪渓を越えると、斜面にジンヨウキスミレが現れた。群落をつくっており、花は満開、山道の縁が黄色に染まっている。ついでの出会いではあったけれど、うれしかった。雨に濡れてはいるものの、たたずむ姿は気品を感じる。やたらとシャッターを押した。

ジンヨウキスミレは葉が特異なかたちをしている。縁がぎざぎざに切れこみ、全体の姿は腎臓に似ている。名前の由来だ。葉をさわってみると、けっこう分厚く、やわらかい感

50

ジンヨウキスミレ

触。縁に細かい毛が生えており、確かなことは言えないが、フチゲオオバキスミレより細かいような気がした。葉の色は明るい緑色。夕張で見たオオバキスミレと同じような色であった。札幌付近にもあるというが、大雪山系が中心で、シソバキスミレなどよりはるかに分布域は広く、個体数も多い。カメラのレンズを通じて対面していると、あまり顔立ちはよくない。全体の姿はよかったが、花だけを見るとバランスが悪い。上弁の二枚にくらべ、側弁の二枚が小さく、しかも斜め上向きについている。唇弁はほかの弁よりさらに小さく、安定感がない。また、雌しべの柱頭はオオバキスミレに似るが、飛びだしすぎ。それも姿を悪くしているのだろう。決定的なのは、いちばん下の花弁、唇弁にある条が網目になっている。オオバキスミレなどの条は筋ですっきりしているが、こちらは網タイツのようで、それが品を落とす原因になっているようだ。ほかのキスミレ類にない特徴である。側弁の毛は、オオバキスミレのように多くはなく、わずかにあるのみ。

雨のなかの幻想的な写真と思ったが、スミレの写真としてはもうひとつ。これは撮りなおさなければならないと、二年後に訪ねた。そのときは雷雨でひき返し、生育場所まで到達できなかった。そのつぎに行ったのは大雪山の黒岳で、意外と簡単に見つけることができた。途中の登山道沿いに群生し、薄ぐもりだったこともあり、気に入った写真を撮ることができた。

51

タニマスミレ

谷間菫

Viola epipsiloides

北海道

2～10㎝

6月中旬-7月下旬

51

タニマスミレ

ヒグマの地に咲く幻の花

タニマスミレは、シレトコスミレとともに幻のスミレであり、スミレに夢中になっている者が一度は見たいと思うスミレである。濃い紫色の花のものもあるが、大半が薄くくすんだような淡紫色の花をつけ、群生するわけでもなく、観賞価値はさほど高くない。しかし、ともかくめずらしい。

日本では、大雪山、羊蹄山、雨竜沼、南千島にあるが、ヒグマの多いところで、大雪山では登山前にヒグマの講習を受け、午後三時までに下山しなければならない。これ以降はヒグマの時間で、腰に鉈をぶらさげ、大きな音のする鈴を鳴らすたくましい監視員に厳しく追い立てられながら、走るようにして下らなければならない。

二〇〇八年七月二十一日に、初めてこの地を訪ねた。ヒグマが恐ろしく、夕張岳のシソバキスミレを訪ねたときにお願いしたガイドに案内をしてもらった。吉村昭の『羆嵐』や『羆』でヒグマの恐ろしさを一段と知り、思いついたのが、ヒグマの知識の深いガイドに案内してもらっての登山だった。

登りの登山道脇にあるエゾアカマツの幹に爪を立てたような跡があった。「これはヒグマの爪痕で、そんなにまえのものではありません」「このあたりの枝が折れているのは、ヒグマの通った跡です」などと説明され、恐ろしさのあまり、先に進むのをやめようかと思うほどだった。山に入るまえの講習でもさんざん脅かされたうえに、「もしクマに出会って襲ってきたら、戦うしかありません」と言われ、ビクビクしながらだった。

三か所でタニマスミレを見ることができた。雪解け水がそばを流れ、油断すると落ちるような斜面に生えていた。花弁は丸味を帯び、淡青紫色。タチツボスミレやオオタチツボスミレの色とは違い、青みがかかった薄い鼠色で、この色のスミレはほかにはないと思った。しかし、美しく観賞価値があるかというと、否である。とにかくめずらしいものに、ヒグマという危険を克服してやっと会えた、制覇したという満足感でいっぱいになった。

大雪山のここでは、入山前に、ヒグマ情報センターで登山者全員の名前をノートに記さなければならない。二〇一六年に訪ねたときには、前日に、福岡に住んでいる福岡植物友の会の川原ご夫妻、われわれの登った日には、東京・八王子市のスミレ好き、新井二郎ご夫妻の記名があった。二日間で知り合いが二組もいたのには驚いた。スミレに魅せられた人に名古屋市の山田直樹さんがいるが、新井二郎さん、私をふくんだ三人は同じ歳で、スミレに狂いだした時期もほぼ同じ。それぞれスミレに対する取り組み方は違うが、同期なのである。

52

フギレオオバキスミレ

斑切大葉黄菫

Viola brevistipulata subsp. brevistipulata var. laciniata

北海道

15〜30㎝

5月中旬–6月下旬

雪捨て場に残っていた

町田の雑木林の管理と、風景を楽しみながら歩くフットパスの推進運動をしているNPO法人「みどりのゆび」の行事で、札幌にサクラスミレを見にいった。一日だけ現地で講師をしてくれと、設立者の神谷由紀子さんから請われ、参加した。わざわざ北海道までという気もしたが、植物とあまりかかわりのない人たちと訪ねるのもおもしろいかなと、引き受けた。千歳空港で札幌在住の人たちと合流し、総勢二十名、貸し切りバスで訪ねた。案内は札幌の方である。

雑木林の斜面にサクラスミレのかなりの個体数があった。北海道のサクラスミレとの初対面だった。さらにおまけがあった。クマガイソウの群落や満開のスズムシソウを案内していただいたうえに、石狩海岸でイソスミレと出会え、花と果実の両方の写真が撮れた。

三日目の最終日はニセコのフギレオオバキスミレを見に、足をのばしたくなった。前日にニセコのホテルのフロントに電話して、雪の状況などを確認したところ、今年はまったくなく、草木は茂って青々とし、紫色のスミレが咲いているという。それはオオタチツボスミレで、フギレオオバキスミレの花は終わっているのではないかと心配になった。

いままでニセコのフギレオオバキスミレは、同じ時期に三度会いにいっているが、一勝二

52

フギレオオバキスミレ

敗である。二回は雪が残っていて、芽も出ておらず、すごすごひき返している。今回もレンタカーを使って訪ねたのだが、驚いた。オオイタドリがすっかり大きくなって、いつもと景色が違う。山道も廃道になっている。これはだめだと一瞬思ったが、あきらめず、オオイタドリなどの生える草むらに潜りこんだ。熊鈴を三個つけ、恐る恐るだった。フギレオオバキスミレの葉を見つけたが、花は終わっていた。わずかに咲きのこりがあるものの、写真にならない。帰りに、ひょっとして雪捨て場に残っているのではと思いついた。

さっそく訪ねたら、咲いている、咲いている。無理を言ってお誘いし、同行してもらった方の手前、ほっとした。しかし、残念ながら、そこは完全に日陰で、写真は青みがかったものになってしまった。時間に限りがあり、以前行ったときに満足いく写真が撮れているので、まあよいかということにした。

フギレオオバキスミレは、一見してすぐにわかる。花は黄色で、葉がピーターパンの服の裾のように、不規則に深く切れこみ、それぞれの裂片には、腺点（小さな分泌腺）のような突起がついている。オオバキスミレの変種で、狩場山、ニセコアンヌプリ、鷲別岳の山麓にある。高さは一五〜三〇cmで、花弁の側弁には毛があり、唇弁と側弁には細い紫の線（紫条）がある。上弁にもかすかに紫条の入った個体もある。種子以外にも地下茎で増え群生するので、花期は見ごたえがある。

53

シマジリスミレ

島尻菫

Viola okinawensis,
nom. nud.

琉球

8〜12㎝

2月上旬-3月下旬

洞窟の壁に妖しく咲く

不思議なスミレだ。沖縄のサンゴ礁に生え、風葬に使った洞窟の墓の壁に生育する個体が多い。

初めての出会いは、沖縄の高等学校の豊見山先生に案内してもらったときである。先生は、洞窟の入り口のまわりの岩の上や草むらをサンダルで平気で歩いていた。ハブはだいじょうぶなのだろうか。彼の話では、ハブで恐ろしい思いをしたのは一度だけらしい。シダ植物の鱗片を見ようと手を伸ばしたとき、ハブを見つけ、危うく打たれるところだったが、手をひっこめるのが早く助かったとのこと。シマジリスミレを訪ねた三月はまだハブの活動が鈍く、そう心配することはないというが、私は写真を撮るとき以外、できるかぎり草むらから離れていた。

数十年後、二度目にひとりで訪ねたときには、その場所を忘れてしまい、このへんだったろうと亀甲墓の後ろの壁面を探しまわった。墓に入るまえには帽子をとり、「失礼します。祟りがありませんように」と手をあわせてから壁面をチェックした。しかし、ここでは見いだせなかった。

三度目のときには案内してもらってすぐに見つかったが、白い花の咲いている株は一株しかなかった。その場所は、昔、風葬のために遺体を入れた洞窟の壁で、ハブが出そうな場所だった。その後も数回行ったが、花は咲いておらず、くやしい思いをしている。まわりの木が生いしげって日照が悪くなったからだと思う。生育場所が場所だけに、気味の悪いスミレである。

オキナワスミレとよく似ていて、しっかり見ないと違いがわからない。葉のかたちはほぼ同じ、卵円形で基部は心形である。どこが違うかというと、シマジリスミレの葉は、葉脈の起伏が少し目立つが、オキナワスミレは、つるつるしている。花はシマジリスミレのほうが花弁に丸みがあり、花弁のあいだにはすきまがなく整っている。オキナワスミレは花弁の先が少しとがったものがあったり、花弁のあいだにすきまがあったりする個体が多く、被写体によい個体を探すのに苦労する。決定的な違いは、シマジリスミレには距の背中に溝のようなスジがあることと側弁基部に毛があるものが多いことである。また、生えている環境が違う。オキナワスミレは、日差しの強い万座毛のサンゴ礁の岸壁についているが、シマジリスミレは内陸部の、樹林に囲まれたサンゴ礁の岸壁に――それも二か所だけに生えている。

このスミレは、まだ正式に学名が発表されていない。いちおう命名だけはされているが、学名発表の条件がそろっていないので、正式に認知されていない仮の学名である。これを植物分類学の世界では「裸名」と呼び、添えられたnom. nud.はそれを意味する。

54

アマミスミレ

✣

奄美菫

Viola amamiana

九州・琉球

3〜5㎝

4月下旬–5月中旬

渓流の精霊に守られて

ついにアマミスミレの写真を撮ることができた。ハブが怖くてなかばあきらめていたスミレだけに、うれしいが、複雑な気持ちが残る出会いだった。

アマミスミレとの出会いは古い。一九七六（昭和五十一）年ころだったと思う。山草栽培家の故・鈴木吉五郎さんの家を訪ねてのスミレ談義のときのことだ。鈴木さんは、橋本保先生の『日本のスミレ』で栽培に関する項を執筆され、その当時、野草の栽培については第一人者で、たいへん有名な方であった。小柄で細身、話を聞いていると、自分の体験談であるだけに、訴えてくるものがあった。温室の棚に素焼きの二・五号鉢に植えられ、さまざまな花色のウチョウランがずらっと並んでいた。中学生時代からのコレクションで、趣味だという。その棚の下に、無造作にビニールポットが並んでいた。アマミスミレだった。「この場所がいちばんよく育ち、どんどん殖える」とのこと。温度、湿度、光線の状態がアマミスミレにぴったりなのだろう。

アマミスミレは、その名のとおり、奄美大島のすずしげな渓流の岩上、ほんの一画に、ヒメタムラソウやアマミカタバミなどといっしょに生えている。以前は川岸にいっぱいあったそうだが、砂防堰堤《さぼうえんてい》がつくられて、土砂で埋まってしまったという。二〇〇三年五月十二日、

54

アマミスミレ

ハブに噛まれる恐れを胸に急な崖をくだり、膝まで水に浸かりながら訪ねた。渓流の精霊が宿っていそうなところに、アマミスミレは生えていた。苦労してたどり着いたとはいえ、踏みあらす恐れのあるなか、こんな貴重な生息地に訪ねてはいけないのだと、そのときつくづく思った。しかし、鈴木吉五郎さんの温室で見て以来、ずっと会いたいと願っていたスミレであり、やっと会えたという喜びで体が震え、なかなか写真撮影に移れなかった。

以前、大阪の自然博物館で、著名な先生の植物講座があった。九州のめずらしい植物の話のなかでアマミスミレにふれられ、講義後、その先生とスミレ談義に夢中になった。聞いてはいけないかなと思いつつ、「アマミスミレはどこへ行けば見られますか」と尋ねた。とたんに顔色が変わり、それからさき相手にしてもらえなかった。そんなスミレである。

アマミスミレの葉は五㎜前後の小判型で、白い毛が散生している。とにかく小さい。花は、葉よりはるかに大きい。白色で、側弁に毛があり、唇弁と側弁には赤紫色の筋が入っていて、とくに唇弁の筋は太く目立つ。唇弁はほかの花弁より小さく細い。上弁の二枚がいちばん大きいので、少々バランスが悪い。また、萼片や花柄には、開出した白い細い毛が生えている。びっしりと群生しているので、伸びた根の先に小苗をつくって地下茎でも殖えているのかと思ったが、とにかくさわるのも畏れ多いような気がして、確かめられなかった。

二度目は、この本のスミレの絵を描いている内城さんと、五名のパーティで訪ねた。

二〇〇九年五月十二日のことで、同じ場所だが、大きな岩に生えていたアマミスミレは絶滅していた。案内してくれた人は、台風による川の氾濫で流れてしまったというが、多数の人が来て、岩についていた植物がはがれ、それとともにアマミスミレが消えてしまったのではないかと思った。近くに花の終わったものが一株だけあっただけで、重い足を引きずりながら、帰途についた。その途中、内城さんが、ヒメハブがいると声を出した。指さす場所を見たが、わからない。何度か指でさしてもらってやっとわかった。石ころの色と同じである。三脚の足でつつくと、噛みついてくる。そのうち、川のなかに入っていった。

アマミスミレとの再会があきらめきれず、二〇一九年五月八日にも、内城さんたちと、現地の山下先生の案内で訪ねたが、増水のため渡渉できず、泣く泣く断念した。なかなかハードルの高いスミレである。

スミレを訪ねる おすすめスポット❸

✢六甲山（兵庫県）
シハイスミレがどこにでも見られる。ナガバノタチツボスミレも多く、ここのものは葉や茎が紫色を帯びたものが多い。湿ったところにはヒメアギレスミレが生えている。確実に会うには、六甲高山植物園のなかにある小さな水路を探すとよい。

✢三国山（広島県）
ダイセンキスミレのほか、オオタチツボスミレ、タチツボスミレ、スミレサイシン、ニオイタチツボスミレ、ニョイスミレ、スミレなどに会える。

✢阿蘇くじゅう国立公園（大分県・熊本県）
4月20日ごろにやまなみハイウェイを通ると、キスミレの群生で、山の斜面が黄色く見える。倉木山へ行く途中では、ヒゴスミレ、エイザンスミレ、フモトスミレなどが見られる。おすすめは菊池渓谷で、エイザンスミレ、タチツボスミレ、フイリナガバノスミレサイシンなどが群生している。

✢屋久島・奄美大島（鹿児島県）
屋久島の花之江河のコケスミレの見ごろは5月末ごろ。途中の山道にはヤクシマミヤマスミレが多くあり、5月15日ごろには、白谷雲水峡でヤクシマスミレが見られる。奄美大島の今井崎にはリュウキュウシロスミレが多く、3月10日ごろから5月20日ごろまで楽しめる。湯湾岳にはヤクシマスミレが多く、見ごろは5月10日ごろ。

✢琉球列島（沖縄県）
南の島には、リュウキュウコスミレがどこにでも見られ、12月ごろから3月ごろまで楽しめる。リュウキュウシロスミレは、沖縄では北部に多い。3月10日ごろに西表島のカンピレーの滝ではヤエヤマスミレやイリオモテスミレが、2月下旬に、石垣島の渓流でイシガキスミレ、与那国島の牧草地でリュウキュウシロスミレが最盛期となる。

スミレ堪能術4

スミレを集める

スミレに関するグッズを集めるのも楽しい。欧米の土産物屋、日本のデパートや雑貨店その他で求めたコレクションから、一部を紹介する。

スミレ紋
紋帳から探して、妻の着物に紋を入れた。

グラス

墨入れ
スミレの名は、花が墨入れに似ていることに由来するという説がある。

カップ

芭蕉の句の書かれたこけし

花の砂糖漬け
妻と旅したウィーンで購入。

チョコレート

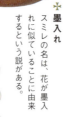

花瓶

宝石箱

ベル

小物入れ

ピッチャー

皿

マッチ箱

海外のスミレ本

調味料入れ

沖縄菫 ✣ オキナワスミレ
立坪菫 ✣ タチツボスミレ
茜菫 ✣ アカネスミレ
蝦夷葵菫 ✣ エゾアオイスミレ
粟ヶ岳菫 ✣ アワガタケスミレ
長葉の立坪菫 ✣ ナガバノタチツボスミレ
紫背菫 ✣ シハイスミレ
牧野菫 ✣ マキノスミレ
有明菫 ✣ アリアケスミレ
小深山菫 ✣ コミヤマスミレ
匂菫 ✣ ニオイスミレ

V

スミレがつなぐ——広がる世界

かのナポレオンは、ニオイスミレという
ヨーロッパのスミレを愛していた。
では、日本を代表するスミレは何か。
全国各地で淡紫色の花をいっぱいつけて
群生しているタチツボスミレだと私は思う。
——タチツボスミレ

たまたま同席したロシア大使館の人に
十九世紀の植物学者、
マキシモヴィッチの話をしたら、
「ロシアに植物観察に来い」という。
その後、ウラジオストックに
二回もスミレの旅に行くことになった。
——アカネスミレ

若きスミレ研究者の吉田さんを
案内して駒ヶ岳と高尾山へ。
私が初めて高尾山のコミヤマスミレを訪ねたのも、
いまの彼くらいの歳だった。
吉田さんとは四十四歳も違うが、
スミレ談義で二日間、話題に困ることはなかった。
——コミヤマスミレ

55

オキナワスミレ

沖縄菫

Viola utchinensis

琉球

5〜10㎝

2月上旬-4月上旬

55

オキナワスミレ

万座毛の垂直の岸壁に咲く珍品

植物仲間には、私の知らない世界にいた人が多くいる。そのひとりは元銀幕スターで三島耕。本名は長谷勝弘さんという。彼とは日本植物友の会で知りあった。私よりひと回り半ほど年上だが、楽天的で、肩ひじ張らない人柄の彼とはなんとなく気があい、よくふたりで丹沢へ植物を訪ねた。

あるとき、沖縄へオキナワスミレの写真を撮りにいく話をしたら、連れていけと言われ、ふたりで旅に出た。オキナワスミレは、沖縄の万座毛《まんざもう》の岸壁にだけ生育している珍品のスミレだ。

沖縄の旅からかなりたってから、彼から会社に電話があった。いきなり「報告する、明日婚姻届を出す」という。結婚報告だった。「一年半前に友人から紹介されて、それからずっとつきあっていた。それで、植物ともうひとつの趣味の俳句から遠ざかっていた。やっと彼女も植物と俳句に興味をもち、共通の趣味をもてた」。うれしそうにいままでの経過を話してくれた。ひっくりかえるほど驚いたのは、彼は八十歳、新妻は五十六歳、二十四歳違いで、しかも初婚だったこと。「それっていいの?」と思わず言ってしまったが、彼の情熱をじつにうらやましく思った。彼に言わせると、私のスミレに対する情熱も同じようなものだという。

初めて万座毛を訪ねたとき、オキナワスミレは観光客が歩く岩の割れ目に点々と生えていたが、いまは簡単に見られるところにはない。いかにもハブが出そうなところを藪こぎしながら、おそるおそる行かなければならない。しかも、手の届かないところにしか立派な株はないので、望遠レンズが必要だ。

オキナワスミレは、この万座毛の隆起サンゴ礁の石灰岩の割れ目にだけ生えている。スミレはアリ散布の代表的な植物だが、どのようなしくみで岸壁にも生えているのか不思議だった。スミレの種子は、アリによって散布される。スミレの種子の先にはエライオソームというゼリー状の付属体があり、これをアリが好んで食べる。地面に落ちた種子をアリがくわえ、巣まで運ぶ。エライオソームを食べたあと、アリは、スミレの種子を巣の外に捨てる。そこでスミレは芽を出すのだ。ときに、立てられた案内板の木枠の隅などにスミレが生えていることがあるが、これはアリの仕業である。

スミレの果実は三個に裂ける。裂けた直後は、そのなかに種子が一～三列に並んでいるが、果皮の乾燥にともない、両側から種子をはさみつけながら、その圧力で遠くに飛ばす。その距離は、平均すると約一メートル近く三メートルも飛ばしたという観察もある。飛ばさないものもある。

しからば、万座毛の垂直の岸壁についているオキナワスミレは、どのようにしてその場に

55

オキナワスミレ

定着したのだろう。岸壁に生えているスミレの種子は飛散して、海に落ちてしまうのではないか。弾けた種子がたまたま岩に引っかかって、それをアリが運ぶのだろうか。

この謎を解明した研究があった。二〇一八年十二月号の『植物地理・分類研究』誌に、研究報告が出ている。「オキナワスミレの種子は、果実から一cm以内に落下した。純粋なアリ散布型のスミレである」とある。オキナワスミレの種子は弾きとばされず、株のすぐそばに落ち、それをアリが運ぶ。飛散して海に落ちはしないのだ。疑問は解けた。

オキナワスミレは、全体がタチツボスミレに似ているが、葉は卵形で厚く、光沢があり、基部が心形となっている。花期は二月～三月で、花は白色か、紫色がかった白色、花弁の先がとがったものもある。開花したての花は丸いものが多く、花弁のあいだがあいている。いびつな姿の花が多く、美しいとは思えないが、とにかくめずらしい。同じく沖縄の石灰岩に分布するシマジリスミレとそっくりだが、生育環境が違い、葉のかたちが違う。シマジリスミレの葉の基部は重なっている。

56

タチツボスミレ

✣

立坪菫

Viola grypoceras
var. grypoceras

北海道・本州・四国・九州・琉球　5〜15㎝　2月上旬–5月中旬

56

タチツボスミレ

日本を代表するスミレ

まえから妻と約束していた東欧三国を訪ねた。訪ねた都市はプラハ、ウィーン、ブダペスト。八日間のゆったりした旅程で、添乗員と現地のガイドがすべて世話をしてくれる、九名のこじんまりしたツアーだった。

かのナポレオンはスミレを愛していた。ウィーンのシェーンブルン宮殿でナポレオンの執務室に立ったとき、彼がいたのと同じ場所に自分がいることに体が震えた。どうしてナポレオンがスミレ好きになったかは知らないが、好きだったのはViola odorata、日本名でニオイスミレと呼ばれるヨーロッパのスミレである。このスミレからは香水もつくられている。

では、日本を代表するスミレは何か。それはタチツボスミレだと私は思う。道ばたなどに咲いているスミレ（種）を日本の代表的なスミレと思う人が多いが、種形容語にはmandshurica（満州産の）とついている。コスミレはjaponica（日本産の）という種形容語がつくが、あまり目立たない。タチツボスミレは、たいていの場所で見ることができ、関東ではどこにでも群落をつくっている。種形容語 grypocerasは「曲がった角の」という意味で、日本と関係ない学名だが、準国産だ（海外では韓国の済州島にあるようだ）。関東地方では、淡紫色の花をいっぱいつけて群生しているのはこのタチツボスミレで、サクラを代表するソメイヨシノ的な存在だと思っている。

スミレの分類は、地上茎があるかないかをまず見るが、タチツボスミレには地上茎がある。関東の丘陵や山で、地上茎をもち、薄い紫色の花をたくさんつけているスミレに出会ったら、タチツボスミレだと思ってまずまちがいない。迷ったら、茎の根元や葉のもとにある托葉を見ればよい。この托葉が櫛の歯のように切れこんでいる。これはタチツボスミレの仲間に共通する特徴。また、雌しべの先が棍棒状でわずかに曲がっている。ほかのスミレとくらべてひじょうに単純なかたちなので、原始的なスミレといわれている。花が終わるころになると、地上茎が伸びだし、少しこんもりとした株になる。そのころになると閉鎖花を盛んにつけ、それからできた種子でどんどん増えていく。

タチツボスミレには変種や品種がたくさんある。そのなかで私の好きなのはオトメスミレ。花が白色で、天狗の鼻のようになった距の部分だけがピンク色になっているものをいう。花全体が真っ白なものは、シロバナタチツボスミレという。それ以外にも、葉の表面の葉脈に沿って赤い斑の出るアカフタチツボスミレ、小型のコタチツボスミレ、渓流に適応したケイリュウタチツボスミレ、先祖がえりして花が灰緑色になったミドリタチツボスミレ、伊豆諸島を中心に分布する大型のシチトウスミレなど、多数の変種・品種がある。

57

アカネスミレ

茜菫

Viola phalacrocarpa

北海道・本州・四国・九州

5〜10㎝

3月下旬–5月上旬

なぜか事実と異なる学名をつけられた

異業種間の交流を目的としたアーバンクラブのセミナーが、品川にあるロシア通商代表部であった。「ロシアの教会建築」と題した講演はなかなかおもしろく、ロシアの教会の屋根が丸いのはイスラムの影響を受けたものではないこともわかった。講演後は加藤登紀子の経営するロシア料理屋でパーティとなり、同席したロシア大使館の人に、十九世紀のロシアの植物学者、マキシモヴィッチの話をしたら、「ロシアに植物観察に来い。マキシモヴィッチには会わせられないが、若い適当な人を紹介してやる」という。私には、ロシア人は厳《いか》つく、つきあうのが難しいという先入観があった。この人も難しい顔をしてほとんど笑わないが、なかなかユーモアがあり、ロシア人に対する考えが変わった。この講演や出会いもきっかけとなり、ウラジオストックに二回もスミレの旅にいくことになった。英語がまったく通じず、珍道中で、思い出の多い旅だった。

マキシモヴィッチの命名したスミレは数多くある。アカネスミレもそのひとつ。牧野富太郎が、一八八五年に土佐で採集したものをマキシモヴィッチに送り、命名してもらっている。その学名はViola phalacrocarpaで、「無毛果のスミレ」という意味なのだが、果実は毛だらけで、事実とは違う名がついている。果実に毛のあるスミレはほかに、ゲンジスミレ、アオイスミレ、エゾアオイスミレがあり、あったりなかったりするのは、キバナノコマノツメ、ニョイスミレがある。たかが毛ではないかと思うかもしれないが、その有無は種を見分ける助けとなる。

57

アカネスミレ

和名の茜菫は花の色から来ている。いっけんコスミレに似ており、両種を並べて比較すると違いは一目瞭然だが、片方だけを見た場合、区別に困ることがある。花の色や大きさ、毛の有無、花柱上部のかたち、花弁の開きかげんなど、区別点はいろいろあるが、決定的な違いは、雌しべの見え方にある。花の正面から雌しべがはっきり見えないのはアカネスミレ、はっきり見えるのはコスミレである。オカスミレはアカネスミレの品種だが、葉のかたちがコスミレにそっくりで、まちがえやすい。花があれば、雌しべが正面から見えるかどうかをチェックするとよい。

アカネスミレは、北海道中北部をのぞいて日本全国に分布する。高尾山系の小仏峠で発見された白花の品種をコボトケスミレという。ほかの品種で、花が少し薄く、ピンク色になっているものをウスアカネスミレ、コモロスミレのような重弁花をナガサワスミレ、植物体が無毛のものをオカスミレ、オカスミレの白花品をシロバナウスゲオカスミレ、毛が少しあるものをウスゲオカスミレと呼ぶ。

58

エゾアオイスミレ

蝦夷葵菫

Viola collina

北海道・本州

3～10㎝

4月上旬–5月上旬

58

エゾアオイスミレ

ウラジオストックでよく出会う

ロシアは恐ろしい国ではなかった。二〇〇六年四月、ウラジオストックへスミレを見にいった。ロシア人は英語を話さず、愛想が悪く、ものを買うのにも長蛇の列、食べものは高くてまずいと思いこんでいた。何かあったら、一生帰れなくなるのではないか。なんとなく恐ろしい国というイメージが強く、これまで、あまり食指が動かなかった。ロシアのアツモリソウ類の調査に誘われ、ビザまでとったのに、定年直前で休めなくなり、これ幸いとドタキャンしたこともある。今回は、植物仲間からスミレ観察に連れていけと頼まれたのだが、やはり気が重かった。

入国手続きで引っかからないように、荷物はできるかぎり減らし、シンプルにした。血圧の薬は、帰れなくなったときのことを考え、余分に持ち、へんな疑いをかけられないよう、容器に英語で薬名が記載されたものを選んで持ちこんだ。また、ロシアの飛行機はよく墜落しているらしいので、家族でお別れ夕食会まで催した。さらに、その年は春が遅れており、予定の植物が見られるか、せっかく同行してくれたみなさんが落胆しないだろうかなど、心配ごとがいっぱいあり、憂鬱な出発だった。ウラジオストックの飛行場に着陸すると、まだ冬景色のなか、迷彩服を着た軍人や装甲車が並んでいた……。

しかし、すべて杞憂であった。ホテルの浴槽の水が鉄さびで茶色なこと以外は、インドよりもよいのではないか。日本に六か月いたという当地の植物講師の先生も、とても親切で愛想がよく、ていねいに説明してくれ、いっきにスミレ観察モードとなった。

いちばん多く見たのはエゾアオイスミレだった。道路脇の土手や林縁にかなりの株が群生して咲いていた。漢字で書くと蝦夷葵菫で、アオイスミレの北海道版ということだが、もちろん本州にもある。東京近辺では三つ峠山や八ヶ岳周辺で見られる。別名、マルバケスミレ、テシオスミレともいう。種形容語collinaは「丘地生」という意味である。

アオイスミレに似るが、葉の先がとがり、地上を這う匍匐茎《ほふくけい》がなく、冬には地上部が完全に枯れるという違いがある。葉は卵形で、基部は深い心形となる。花はアオイスミレとだいぶようすが違う。アオイスミレは側弁が前に突きだすが、エゾアオイスミレは完全に開いている。花の色は淡紫色から白色と変化が多い。花期には葉がほとんど展開しないが、ウラジオストックで見たものはかなり伸びていて、奇異に感じた。

アオイスミレが山麓に多いのに対し、エゾアオイスミレは標高や緯度の高いところにある。アオイスミレの寒冷地対応型といえる。

別グループで来ていた、植物写真家のいがりまさしさんと行き帰りの飛行機がいっしょだった。そのいがりさんから、フランス人の若い女性を新潟空港から新潟駅まで連れて

58

エゾアオイスミレ

いってくれと頼まれた。彼女は、英文のガイドブックを一冊持ち、ホテルの予約もせず、ＶＩＳＡカード一枚で来日したバックパッカーだった。持っていたカードはＡＴＭでは使えず、当面の食料とホテル代を渡して別れたが、その大胆さに驚いた。しかし、自分でなんとかすると強気だった彼女が、別れぎわにふと見せた涙は印象的だった。

スミレを栽培するということ

　スミレが好きになると、手もとに置きたくなり、栽培したい気持ちが起きる。私もそのひとりだった。三十代のころ熱心に試みたが、マンション住まいで、ベランダ栽培という環境の厳しさもあったのか、うまく育たなかった。なかには、春のベランダでみごとに咲くものもあったが、ほとんどの鉢は、やっと生きている状態で、妻から「なんのために植えているのですか。汚らしい鉢を並べないでください」と強烈なパンチを食らったのをきっかけに、本格的な栽培はやめてしまった。

　そのころは、スミレ栽培ブームでもあった。デパートの屋上の山草販売店や町の草花屋、通信販売で、スミレの苗が簡単に手に入った。スミレ専門の山草屋もあり、遠く鶴巻温泉（神奈川）のスミレ専門店まで苗を購入しに出かけたこともある。とくに人工的につくられた雑種のスミレが多かった。

　いま、わが家のベランダには、タチツボスミレ、ニョイスミレ、コスミレ、園芸種のニオイスミレなど、簡単に栽培できて勝手に増えるスミレしか置いていない。これらは春に鉢いっぱいに花をつけ、ほんのひとときだが楽しませてくれる。そのままにしておくと、ほかの鉢におじゃま虫で生え、春にはもとの主にかわって美しい姿を見せてくれる。スミレは厭地《いやち》をつくるので、同じ場所に定住しない。

高原や高山、山に生えるスミレの栽培は、まず無理である。たとえば、園芸品として販売されているヒゴスミレ（中国原産といわれている）は栽培できるが、山に生える野生のヒゴスミレは、都会では育たない。スミレ栽培ブームのあと、店頭で販売されるものが少なくなったのは、栽培が難しいという理由からだろう。めずらしいものには手を出さず、身近なタチツボスミレやニョイミスレ、スミレ、コスミレ、ノジスミレなどを楽しむのが気らくでよいのではないかと思う。栽培を中心としたスミレの会がいくつかあり、入会すると、苗や種子を分けてもらえる。

栽培においていちばん重要なのは、鉢の置き場所だと思う。春は昼過ぎから半日ほど日影になるような場所で、かつ乾燥しない場所、木陰などが最適である。棚で栽培するときには、日差しのきついときに遮光することが必要だ。ただ、まったくの日影ではスミレは育たない。それぞれのスミレの自生地をよく観察して、それに似た環境にするのがよい。

59

アワガタケスミレ

栗ヶ岳菫

Viola awagatakensis

本州

7〜14㎝

4月下旬–5月中旬

59

アワガタケスミレ

軽く見ていたのがまちがいだった

二〇〇八年、日本産のスミレのリストをつくった。大きく分けて六十種。これら六十種のうち、アワガタケスミレの写真だけ、まだ撮っていなかった。それは、このスミレを軽く考えていたからである。先人の書籍に、アワガタケスミレはナガハシスミレの変わりものであると書かれたものがあり、私も基本的な種とは考えていなかった。機会があれば撮ろうというていどの位置づけだった。ところが、一九九七年に山崎敬氏によって独立種として発表された。

基本的な種の写真を撮りのこしているというのは、スミレ狂としてがまんできないことである。さっそく撮影計画を立ててみたが、生育場所が新潟県の粟ヶ岳（一二九三m）で、けっこう厳しい登山をしないと行けないことがわかった。その後、このスミレを見るツアーが計画されているのを知った。それに参加しようかと思ったが、スミレ狂がスミレツアーに参加して写真を撮るというのも安易な考えに思えて、参加しなかった。あとで参加した人に聞くと、数株しか見られず、がっかりしたそうだ。ちょっと安心したが、行かなくてよかった、いや行ったほうがよかったと、揺れる気持ちが残った。

そうこうするうちに時はたち、二〇一〇年に刊行した拙著『スミレハンドブック』には、自分で撮影した写真はまにあわなかった。アワガタケスミレの写真は、植物写真を専門に撮っているスミレ好きの植物仲間、安田清子さんからお借りした。結局、アワガタケスミレを撮れたのは、二〇一二年五月十四日のことだった。自分では探しきれず、案内してもらったが、粟ヶ岳の近くではあるものの、山に登る必要はなく、簡単に観察できた。ナガハシスミレの小型品のようで、花の色は少しピンクがかった紫色だった。

初めて日本産のスミレのリストをつくったのは、一九八二（昭和五十七）年。日本植物友の会でスミレの講演をすることになり、その配布資料としてスミレリストを完成させた。そのときは、基本的な種は五十五種とし、三亜種、二十六変種、百四品種を挙げた。このなかには、アワガタケスミレは入っていない。

このスミレリストの日付は五月一日、結婚記念日であり、私の誕生日だ。当時はまだワープロが普及するまえで、活版印刷でつくったため、ずいぶん費用のかかる一大事業となった。妻から相当文句を言われるかなと、ヒヤヒヤしながら進めたが、何も言われなかった。妻を見直したが、少し気持ち悪かった。時代は変わった。いまは何かを買おうとすると、それは無駄だとか、ものを増やすのはよしましょうとか、いろいろ言われ、買いそびれる。妻は私より六歳若い。自分の老後を考え、私にはお金を使わせないようにしているのではないかと勘ぐってしまうが、スミレの旅にはいっさい文句を言わないので、よしとしている。

60

ナガバノタチツボスミレ

長葉の立坪菫

Viola ovato-oblonga

本州・四国・九州

10〜30㎝

3月上旬–5月中旬

通説をくつがえす場所に生えていた

筑波山の麓にナガバノタチツボスミレが生えているという。標本が送られてきて、現地で確認してほしいと連絡があった。まさかと思った。ナガバノタチツボスミレは、静岡県以西から四国、九州に分布するというのが通説である。さっそく訪ねた。

筑波山にあるはずがないという先入観があり、見た瞬間はニオイタチツボスミレではないかと思ったが、よく見ると、長い葉が多く混じる個体もある。

つぎに花期に訪ねた。淡紫色の花の色、個体の大きさ、長い葉などから、ナガバノタチツボスミレでまちがいないだろうと、発見者の根岸さえ子さんに伝えた。その後、若い研究者と根岸さんなどが共同で、この地のナガバノタチツボスミレについて研究し、論文が書かれ、日本植物分類学会で受理された。喜ばしいことだ。ここのナガバノタチツボスミレは、道路脇の街路樹として持ちこんだ植木についてきたのではないかと思う。

また、ずいぶんまえのことだが、「町田（東京都）のエビネ園でタチスミレを見つけた。見てほしい」という電話があった。「水湿地以外にタチスミレはありません」と説明しても、納得してもらえない。確認にいった。それは、とくに葉の長いナガバノタチツボスミレだった。この園には、ナガバノタチツボスミレとツクシスミレが点々とあった。おそらくエビネ

60

ナガバノタチツボスミレ

類について鹿児島から移植されたものではないかと推測した。

ナガバノタチツボスミレは、タチツボスミレにくらべ、葉が長く、また葉の表面の色が深い緑色で、少し暗く感じる。私の若いころのスミレ観察のフィールドだった神戸の六甲山には、あちらこちらに生えていた。とくに、葉が赤黒くなったものが多くあり、毎年それを見るのが楽しみで訪ねていた。

西日本では、かなり広範囲に分布している。山や山麓だけでなく平地にもある。福岡では太宰府天満宮の境内にもあった。根生葉は卵形から心形であるが、茎葉は長めの三角形で、先がややとがるもの、披針形で極端に長いものが混じることがある。葉脈が赤く染まり、葉が黒っぽい赤色になるものも多くある。花期は三月〜五月、花は淡紫色でタチツボスミレとあまり変わらないが、地上茎の葉腋につくものが多い。側弁は無毛が基本だが、毛のあるものもある。六甲山高山植物園のものには毛がある。筑波山のものにも毛があるものがあった。品種として、白花のものをシロバナナガバノタチツボスミレ、葉の葉脈に沿って赤い斑の入るものをマダラナガバノタチツボスミレと呼んでいる。

61

シハイスミレ

紫背菫

Viola violacea
var. violacea

- 本州・四国・九州
- 3～8cm
- 3月下旬–5月下旬

マキノスミレ

牧野菫

Viola violacea
var. makinoi

- 本州
- 3～8cm
- 3月下旬–5月中旬

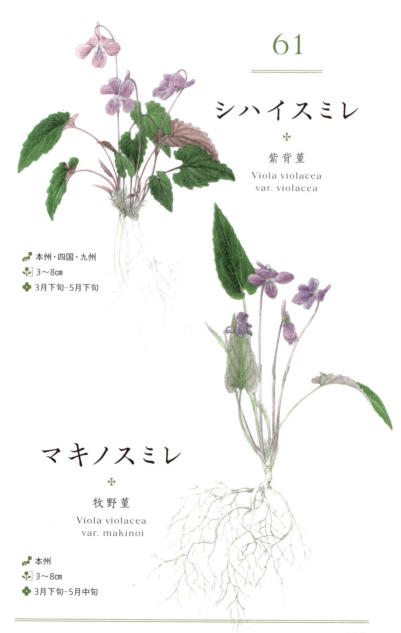

スミレ狂を悩ますそっくりなコンビ

関西以西では、山にあるスミレといえばこのシハイスミレを指すぐらい、個体数が多い。私も、たいていの場所で出会うタチツボスミレのつぎに名前を認識したスミレである。きれいなスミレだと思ったが、あまりにもたくさんあるので、そのうち、つまらなく思うようになってしまった。赤松の生えるやせた土壌に、春の日差しをいっぱい浴びて淡紫色の花を咲かせている。シハイスミレの咲くころは、ちょうどコブシやヤマツツジの花盛りと重なる。

シハイスミレの名前は葉の裏が紫色をしていることに由来するが、それは若いうちだけで、夏ごろは紫色とならないものがある。花はピンクがかった淡紫色のものが多いが、なかには赤みの強い紫色のものもある。種形容語はviolacea、「スミレ色の花をもった」と名づけられるほど、花の色が美しい。また、牧野富太郎が初めてスミレに学名をつけた記念すべき種でもある。そのほかの特徴としては、側弁をふくめ、植物体に毛がない。側弁の基部に短い毛があるかどうかでスミレを同定するときに、かなり有効なチェックポイントとなる。無毛ということが、側弁に毛のあるヒナスミレとの区別点となる。

シハイスミレの変種で、よく似たマキノスミレというのがある。学名はViola violacea var. makinoiといい、牧野富太郎を記念した名だ。マキノスミレはシハイスミレほど多くはないが、同じような松林の下草として生育していることが多い。この二種の区別が難解で、いつも泣かされる。『新牧野日本植物圖鑑』には、琵琶湖を中心に西側に生える、大型の葉で幅の広いものをシハイスミレ、東側の葉のせまいものをマキノスミレとすると、わかりやすく説明されている。たしかに、九州産のシハイスミレと新潟産のマキノスミレとをくらべると、葉の長さ、幅、それに葉の裏の色の違いは図鑑の説明どおり、あきらかにわかる。ところが、中間地帯の関西や福井に行くと、いずれとも判断のつかないものがひじょうに多くなる。関東でもそうだ。

どちらにするか微妙なものは、仲間うちでは見解の相違ということで、シハイ型マキノスミレとかマキノ型シハイスミレだとか、あやふやにして話は終わってしまっている。形態が連続しているので、厳密に考えなくてよいのかもしれないが、両種の分類は研究者間でも議論されつづけることだろう。

両種の違いを整理しておく。シハイスミレは、ピンク色を帯びた淡紫色の花が多く、花は葉より上で咲き、葉の幅は広く卵状楕円形をしている。マキノスミレの花はシハイスミレより濃く、紅色を帯びた濃紫色のものが多く、花は葉より下かほぼ同じ高さで咲き、葉はより細長くなる。

62

アリアケスミレ

✣

有明菫

Viola betonicifolia
var. albescens

本州・四国・九州

5〜15㎝

4月中旬–5月中旬

有明の空にたとえられる色

アリアケスミレの花は、白からピンクがかったもの、淡紫色のものがあり、花弁の内側には紫色の筋が入っている。さまざまに変化する花の色を「有明の空」になぞらえて名づけられた――そう説明すると、「有明の空、すてきね！」と言って、このスミレを気に入ってくれる女性が多い。

彼女たちが好きになるのは、名前の由来だけでなく、その発音によるものではないかと、以前きいた講演の講師で、『怪獣の名はなぜガギグゲゴなのか』の著者、黒川伊保子さんの話とつながった。黒川さんは、男と女では心地よいと感じる対話のスタイルに差があることに気づき、それから男女脳の研究をはじめられたという。たとえばある製品が、その名前やキャッチコピーの響きによって、女性に好まれたり、男性に喜ばれたりして、それが売れ行きに影響し、事業の成否が決まってしまうこともあるとか。若い女性の好むのは、S音やK音やR音などをふくむ、さわやかさとクールな響き、透明感があるもので、サンリオとかキティー、リボン、シャネル、すてき、すき、といった語なのだそうだ。

だとすると、スミレは、S音をふくむことからも女性に好まれ、宝塚歌劇団の歌にもなったのではないか。とくにアリアケスミレは、S音・K音・R音をすべてふくんでおり、女

62

アリアケスミレ

性が惹かれるスミレなのではないかと私は思っている。

あるとき、スミレの仲間から、アリアケスミレの標本を貸してほしいといわれ、探していたら、一九八二(昭和五十七)年のスミレ日記が出てきた。当時気にいって使っていた原稿用紙状にマス目の入ったノートに、スミレとアリアケスミレの葉を細かく測定した記録があった。葉の先端の鋸歯のない部分の長さは、アリアケスミレは三㎜でスミレは一〇㎜以上、アリアケスミレの鋸歯の数は二十でスミレの三分の二、アリアケスミレの葉と葉柄との境はほとんどくびれていないのに対して、スミレはあたかもくびれているように見えるものが多い、などという情報が記されている。これらは決定的なものではないが、このノートには、スミレのいろんな情報を書きこんでいた。こんなことをしていたのだと、われながら感心した。いまは、情報の整理はもっぱらパソコン中心で、Microsoft ACCESSのデータベースとパワーポイントを愛用している。

沖縄など南に行くと、リュウキュウシロスミレと呼ばれるアリアケスミレの変種が分布している。ノジスミレの変種・リュウキュウコスミレのようにどこにでも見られるものではないが、沖縄では北部地域に多い。

63

コミヤマスミレ

小深山菫

Viola maximowicziana

北海道・本州・四国・九州

8～15㎝

5月上旬–6月中旬

63

コミヤマスミレ

若きスミレ研究者と訪ねた花

山形大学の大学院博士課程の若いスミレ研究者から、コミヤマスミレとトウカイスミレの花を見たいと連絡があり、五月のゴールデンウィークに箱根の駒ヶ岳と東京の高尾山を案内した。いま、ミヤマスミレ類を研究しているとのこと。

初日は駒ヶ岳へ行き、帰りにはビールを飲みながら遅くまで話をした。東京の町田に泊まってもらった。「東京というのに人が少ないですね」との感想は意外だったが、逆に翌日の高尾山では人の多さに信じられないという顔をしていた。コミヤマスミレの多い琵琶滝コースは、この時期、一方通行で、人が途切れることがない。頂上はラッシュアワーの駅と同じ。昼食をとる場所もない。咲いていないのではないかと心配したコミヤマスミレは咲きはじめていた。いつもの年より早かった。

高尾山のコミヤマスミレを初めて訪ねたのは、一九七六（昭和五十一）年のこと。案内した研究者の吉田さんと同じくらいの歳だった。橋本保著『日本のスミレ』の「スミレの旅とこころどころ」に高尾山一帯の案内があり、「ケーブルカー横の左手から登ると単調ですが、コミヤマスミレがあります」という記述を見て、行ってみたのだ。単調な登りとは、稲荷山コースを指しているのではないかと思うが、ここでは、コミヤマスミレは見ていない。その先に六号路の琵琶滝コースがある。渓流があり、滝があり、変化に富んでいて、私が高尾山でいちばん好きなコースだ。ここにたくさん生育していた。コミヤマスミレのある場所を知っている人に案内してもらったので、簡単に出会えたが、『日本のスミレ』の記載を見ながらでは、出会えなかっただろう。

コミヤマスミレは、じめじめと湿気のある林縁や斜面の暗い場所に生育し、福島県以西、九州にかけて分布する。高さ四〜一〇cm、葉に特徴があり、やや卵形で花後は楕円形となるその姿が、ほかのスミレとだいぶ異なる。表面は薄い緑色もあるが濃い緑色のものが多く、葉脈がやや赤く目立ち、なかには葉脈に沿って銀白色の斑が出るものがある。葉のかたちと葉脈を見れば、すぐにコミヤマスミレと同定できる。また葉の表面にはやや長い毛がまばらに生え、裏は紫色を帯びるものが多い。花は白色で、径一〜一・五cmと小さく、萼はやや細く、後ろに反りかえる。葉の表面全体が赤くなるものを品種としてアカコミヤマスミレと呼ぶが、連続的で、どこからをアカコミヤマスミレとするか区別に困る。

吉田さんと私とは四十四歳も違う。会って話題に困るのではないかと心配したが、二日間、スミレ談義で退屈することはまったくなかった。なかなかの好青年で、よく勉強している。きっと優秀な学者になることだろう。

64

ニオイスミレ

✣

匂菫

Viola odorata
'Pamela Zambra'

ヨーロッパ原産

5〜15㎝

2月下旬-3月中旬

ナポレオンが愛した花

川崎市民アカデミーの植物講座「みどり学」でスミレの話をした。この講座のメイン講師である樹木医の石井さんからの依頼だった。「日本のスミレ」という題を提案したが、「恋の花、すみれ」など、もっと興味を引く題にしたいという。それはちょっと刺激的すぎるので、「ナポレオンの愛したスミレ」とし、急遽、本を集めてナポレオンのことを調べた。

ナポレオンはスミレの父と呼ばれたほど、スミレが好きだった。妻の結婚日にはスミレの花束を贈り、持っていたロケットペンダントには妻の髪と干からびたスミレが入っていたといわれている。また「スミレの花の咲くころ」を合言葉に、幽閉されていたエルバ島からの脱出を計画し、一八一五年三月二十日、スミレの咲くパリに入城している。これが名高い百日天下である。

本を読みながらわからなくなったのは、ナポレオンがスミレの花束を贈った妻はだれかということ。ナポレオンには正妻がふたりいた。さらに子どもを生ませた女性がふたりいて、その他愛人は多数。十三年間いっしょだった六歳年上の妻、ジョゼフィーヌは、晩年、ナポレオンの戦いの地名をつけた「パルムのスミレ」という新しいスミレをフランスに紹介している。スミレの花束を贈った相手は、このジョゼフィーヌだと思っていた。ところが、ナポ

64

ニオイスミレ

レオンは、跡とりが生まれなかったため、オーストリアの皇女で二十二歳下のマリー・ルイーズと再婚している。彼女は結婚記念日に、自分の髪と息子のローマ王の肖像画を夫に贈ったという。そうすると、ロケットにあった毛髪は二番目の妻の髪ではないか。

マリー・ルイーズは本能的に世渡りがうまかったようで、ナポレオンが失権したあと、ナポレオンから離れて別の男性と再婚し、一生幸福に生きのびている。ナポレオンから愛され、大切にされたのに、この態度はいかがなものか。ナポレオンが気の毒だ。ジョゼフィーヌも結婚当初はほかの男性に夢中で、ナポレオンを悩ませている。男性とは女性の心が読めない悲しい動物のようだ。

ナポレオンの愛したスミレは学名Viola odorataというヨーロッパのスミレで、スイートバイオレットともニオイスミレとも呼ばれている。宝塚歌劇団の歌「すみれの花咲く頃」のスミレもこれだ。早春には花屋で売られており、また逸出して家の垣根沿いに群生するが、帰化植物のようにはなっていない。二月末から三月中旬にかけて濃紫色の花をつけ、名のとおり強烈なあまいにおいがする。花びら一五tから約四五〇gの製油がとれ、フランスのある地方では、香水用として年間五〇〇〇tもの花を消費しているという。

ニオイスミレは日本産のアオイスミレと同じ仲間で、茎を伸ばしてその先に苗をつけ、どんどん広がっていくが、株の寿命は短いようで、更新をしつづけないと絶えてしまう。またスミレは厭地《いやち》をつくるので、環境のあう場所を選びながら群落が移動していく。

ニオイスミレは実家に植わっており、毎年二月終わりごろから花をつけていた。たぶん、宝塚歌劇が好きだった母が植えたのだろう。宝塚には小さいころよく連れていかれた。ラインダンスのシーンが記憶に残っているだけで、いやでしかたがなかった。この花を見ると、母を思い出す。いま、わが家のベランダに株分けしたものが育っている。

植物講義の聴講者から、会社勤めをしていてどうしてこんなにスミレ探索の時間をつくれたのですかと聞かれ、答えに窮した。言われて初めて気づいたが、ずいぶんとスミレを訪ねている。たいへんな費用と時間をかけたものだ。この時間をすべて仕事に当てていれば、いまごろ社長になっていたかもしれない。

アナマスミレ

アナマ菫

Viola mandshurica
f. crassa

アツバスミレ

厚葉菫

Viola mandshurica
var. triangularis

アソヒカゲスミレ

阿蘇日陰菫

Viola yezoensis
var. asoana

スミレを描く

内城葉子

最初に描いたスミレはやはり、身近なタチツボスミレでしょうか。スミレやノジスミレは身近にありそうですが、どこにでもあるわけではありません。ほかのスミレたちもそうです。

陽当たりが好き、木陰が好き、静かなところが好き、いや人声がするところが好き。そんなスミレの声にひかれて、いろいろ会いにいきました。天候が悪く途中でひき返したり、行っても咲いていなかったりしたこともあります。栽培品も描きますが、育ちがよくて丈が長すぎたり、花が立派すぎたり、その逆のこともあったりと、注意が必要です。

スミレたちは根も特徴がありますが、なかなか採集できません。根を描くには鉢植えのものを使います。ブラシや筆でていねいに土を落として水で洗い、水を張った透明な入れものにそっと入れると、細かい根がのびのびと広がってくれ、目線に置いて描けます。

この本に掲載されたスミレのうち、会えていないもの、スケッチできなかったもの、栽培されていないものなどは、写真から描きました。花の色の違いくらいしかわからないという方にも、スミレは葉のかたちや顔つきなどさまざまで、いろいろな種類があることが見えてきたと思っていただけたら、うれしいです。

おわりに

山田隆彦

日本植物友の会の会誌『植物の友』に長年連載していた「ビジネスマンの植物ノート」「スミレノート」「草木左見右見」のなかの、スミレに関する原稿を集め、見直したり、追加したりして、この本ができあがった。

専門的でなく、わかりやすいことばで、だれにでもわかるようにするというのが、書籍化にあたっての方針であったが、それがけっこう難しかった。太郎次郎社エディタスの漆谷伸人さんには、不備なところを細かく指摘していただき、叱咤激励していただいた。植物用語の使い方などのチェックは、ウッズプレス代表の森弦一さんが引き受けてくださった。スミレの絵は、英国王立園芸協会のゴールドメダルを受賞するなど、植物画で世界的に知名度の高い内城葉子さんにお願いすることができた。たいへん光栄なことである。日本植物友の会、パラキナクラブ、福岡植物友の会のみなさまにも、心からの感謝を述べたい。

この本を通じて、スミレの世界に一歩踏みこまれ、そのおもしろさにはまっていただければ幸いである。

参考文献

橋本保『日本のスミレ』（誠文堂新光社）
益村聖『絵合わせ　九州の花図鑑』（海鳥社）
牧野富太郎『牧野日本植物圖鑑』『新牧野日本植物圖鑑』（北隆館）
香川景樹『菫菜説』（写本）
いがりまさし『増補改訂　日本のスミレ』（山と溪谷社）
佐藤照雄『釧路のスミレ――フォト＆ハンドブック』（佐藤照雄）
邑上益朗『対馬の花――陸橋の島の植物相』（葦書房）
奥原弘人・千村速男『信州の高山植物』（信濃毎日新聞社）
木下武司『万葉植物文化誌』（八坂書房）
会誌『すみれニュース』（日本スミレ同好会）
奥山春季『原色日本野外植物図譜』（誠文堂新光社）
佐竹義輔ほか編『日本の野生植物』（平凡社）
大橋広好ほか編『改訂新版　日本の野生植物』（平凡社）
山田隆彦『スミレハンドブック』（文一総合出版）

浜栄助『原色日本のスミレ』(誠文堂新光社)
神山隆之『アンデスすみれ旅——南アメリカ・花日記』(神山隆之)
中西弘樹「琉球列島産のウラジロスミレ節3種の種子散布」『植物地理・分類研究』2018年12月号(日本植物分類学会)
＊以上、本文中で紹介したもの

米倉浩司・梶田忠(2003-)「BG Plants 和名——学名インデックス」(YList)
万谷幸男編『植物学名大辞典』(植物学名大辞典刊行会)
松田修『増訂 萬葉植物新考』(社会思想社)
佐竹昭広ほか校注『万葉集』(岩波文庫)
神奈川県植物誌調査会編『神奈川県植物誌2001』(神奈川県立生命の星・地球博物館)
『週刊朝日百科 世界の植物』31号(朝日新聞社)
『週刊朝日百科 植物の世界』69号(朝日新聞社)
『北国の園芸』1982年10月号(らいらっく書房)
David J. Mabberley "Mabberley's Plant-book : A Portable Dictionary of Plants, their Classification and Uses" (Cambridge University Press)

PHOTO ALBUM

花のアルバム

著者撮影。数字は本編での紹介ページ

アオイスミレ

—P.4—

オオバキスミレ

—P.3—

ナガハシスミレ

—P.2—

マルバスミレ

—P.6—

ヒナスミレ

—P.5—

フジスミレ

—P.5—

サクラスミレ

—P.9—

イブキスミレ

—P.8—

ヒメスミレ

—P.7—

スミレサイシン
—P.11—

ヒゴスミレ
—P.10—

エイザンスミレ
—P.10—

コスミレ
—P.13—

ナガバノスミレサイシン
—P.12—

アメリカスミレサイシン
—P.11—

イソスミレ
—P.30—

アケボノスミレ
—P.15—

ゲンジスミレ
—P.14—

スミレ
―P.41―

キスミレ
―P.37―

オオタチツボスミレ
―P.33―

ヒメスミレサイシン
―P.44―

アツバスミレ
―P.43―

アナマスミレ
―P.43―

タチスミレ
―P.55―

クモマスミレ
―P.52―

シコクスミレ
―P.47―

PHOTO ALBUM

花のアルバム

シロスミレ

—P.65—

オオバタチツボスミレ

—P.62—

トウカイスミレ

—P.59—

ミヤマスミレ

—P.71—

フモトスミレ

—P.68—

ホソバシロスミレ

—P.65—

タカネスミレ

—P.86—

ナンザンスミレ

—P.83—

キバナノコマノツメ

—P.80—

ニョイスミレ
—P.98—

エゾノタチツボスミレ
—P.93—

ニオイタチツボスミレ
—P.89—

ヒカゲスミレ
—P.107—

ツクシスミレ
—P.104—

ノジスミレ
—P.101—

ヤクシマスミレ
—P.114—

コケスミレ
—P.111—

アソヒカゲスミレ
—P.110—

PHOTO ALBUM

花のアルバム

ツルタチツボスミレ
—P.130—

テリハタチツボスミレ
—P.127—

オリヅルスミレ
—P.124—

アイヌタチツボスミレ
—P.139—

チシマウスバスミレ
—P.136—

ヤエヤマスミレ
—P.133—

ウスバスミレ
—P.148—

ヒメミヤマスミレ
—P.145—

タデスミレ
—P.142—

ジンヨウキスミレ

—P.165—

シソバキスミレ

—P.162—

シレトコスミレ

—P.158—

シマジリスミレ

—P.174—

フギレオオバキスミレ

—P.171—

タニマスミレ

—P.168—

タチツボスミレ

—P.190—

オキナワスミレ

—P.186—

アマミスミレ

—P.177—

PHOTO ALBUM

花のアルバム

アワガタケスミレ

—P.202—

エゾアオイスミレ

—P.196—

アカネスミレ

—P.193—

マキノスミレ

—P.208—

シハイスミレ

—P.208—

ナガバノタチツボスミレ

—P.205—

ニオイスミレ

—P.217—

コミヤマスミレ

—P.214—

アリアケスミレ

—P.211—

索引

＊は本書で見出しを立ててとりあげている72種。太字は基本的なスミレ60種

あ行

か行

さ行

た行

な行

は行

ま行

や行

ら行

［著者］山田隆彦

やまだ・たかひこ ✣ 一九四五年、兵庫県生まれ。同志社大学工学部卒業。公益社団法人日本植物友の会副会長、NPO法人みどりのゆび理事、日本植物分類学会会員。朝日カルチャーセンターなどの植物講座や観察会の講師多数。植物図鑑・雑誌の執筆や監修、写真提供など、幅広く活躍中。
単著に、『スミレハンドブック』『高尾山全植物』（ともに文一総合出版）、『散歩の山野草図鑑』（新星出版社）、
共著に、『野の花山の花ウォッチング』（山と溪谷社）、『万葉歌とめぐる野歩き植物ガイド』（太郎次郎社エディタス）、『江東区の野草』（江東区）など。

［植物画］内城葉子

うちじょう・ようこ ✣ 一九四九年、東京都生まれ。

日本ボタニカルアート協会代表。筑波植物画コンクール文部大臣賞、米国ハント協会主催国際植物画展出品・収蔵、Dr. Shirley Sherwood植物画コレクション三作品収蔵、英国王立園芸協会ロンドン・フラワーショー Gold Medalほか受賞多数。

著書に、『内城葉子植物画集――里山の植物』（ウッズプレス）、『鏡の中――俳句と植物画』（共著、新風舎）、ほか絵本や図鑑などに描画。

日本のスミレ探訪 ✣ 72選

二〇一九年十月七日　初版印刷
二〇一九年十一月一日　初版発行

著者　山田隆彦
植物画　内城葉子
ブックデザイン　アルビレオ
組版　トム・プライズ
発行所　太郎次郎社エディタス
東京都文京区本郷三-四-三-八階　〒一一三-〇〇三三
電話　〇三-三八一五-〇六〇五　FAX　〇三-三八一五-〇六九八
http://www.tarojiro.co.jp/
電子メール　tarojiro@tarojiro.co.jp
印刷・製本　シナノ書籍印刷

定価はカバーに表示してあります
ISBN978-4-8118-0838-3　C0045